中等职业教育
旅游类专业新形态教材

咖啡与西点制作

主　编　彭　毅　冯翠婷
副主编　胡　瑶　刘　涛
参　编　杨　军　成郁松　古方婷

重庆大学出版社

图书在版编目（CIP）数据

咖啡与西点制作 / 彭毅，冯翠婷主编 . -- 重庆：
重庆大学出版社，2022.7
中等职业教育旅游类专业新形态教材
ISBN 978-7-5689-3264-6

Ⅰ . ①咖… Ⅱ . ①彭… ②冯… Ⅲ . ①咖啡—配制—
中等专业学校—教材 ②西点—制作—中等专业学校—教材
Ⅳ . ① TS273 ② TS213.23

中国版本图书馆 CIP 数据核字（2022）第 070796 号

中等职业教育旅游类专业新形态教材
咖啡与西点制作
KAFEI YU XIDIAN ZHIZUO
主 编 彭 毅 冯翠婷
策划编辑：章 可
责任编辑：王晓蓉 版式设计：王晓蓉
责任校对：谢 芳 责任印制：赵 晟
*
重庆大学出版社出版发行
出版人：饶帮华
社址：重庆市沙坪坝区大学城西路 21 号
邮编：401331
电话：（023）88617190 88617185（中小学）
传真：（023）88617186 88617166
网址：http://www.cqup.com.cn
邮箱：fxk@cqup.com.cn（营销中心）
全国新华书店经销
重庆俊蒲印务有限公司印刷
*
开本：787mm × 1092mm 1/16 印张：12 字数：301 千
2022 年 7 月第 1 版 2022 年 7 月第 1 次印刷
ISBN 978-7-5689-3264-6 定价：65.00 元

QIANYAN

前言

本书结合旅游、烹饪等行业的典型工作任务和职业岗位需求编写而成，可作为中等职业学校旅游服务与管理、高星级饭店管理与运营、中餐烹饪等专业的教材，适用于咖啡、西点制作课程。其主要是帮助学生掌握咖啡、西点的基本制作方法和操作规范，具备在实际工作中分析、解决问题的能力，能胜任咖啡师、西点师等岗位的工作。

本书以工作任务为中心，分为咖啡篇和西点篇。咖啡篇包括手工咖啡制作、半自动咖啡机的使用、花式咖啡制作及咖啡馆的筹备、服务与管理 4 个项目；西点篇包括饼干类制作、蛋糕类制作、甜品类制作、面包类制作 4 个项目，每个项目下设多个典型工作任务。

作为项目实践型教材，在内容的编排上，以任务驱动为导向，通过灵活的板块设计，图文并茂地介绍了咖啡、西点制作和咖啡馆的运营，强调理实一体。本书具有以下创新和特点：

1. 坚持课程思政。在“导入情景”中融入职业素养、工匠精神、创新精神，传递中华优秀传统文化，树立文化自信，促进学生综合素养的提升。

2. 推进项目教学。项目中的每个任务都以操作标准和规范为载体，按照“任务目标、导入情景、知识准备、任务实施、检测评价、巩固练习、拓展知识”的结构，以工作任务为中心进行整合，重难点和操作要领采用图片的形式进行细化分解，通过练习和思考，让学生主动参与到学习中，从真正意义上体现了学生的主体性。

3. 双元开发教材。校企深度合作共同开发活页式教材，编写团队由学校教师和企业专家组成，对接行业岗位标准和技能证书考核标准，融入企业新技术、新工艺，创新教材形式。

4. 配套教学资源。本书配套了教学设计、教学 PPT、微课等资源，通过二维码的形式接入微课资源。学生可以通过手机扫码观看视频，从真正意义上实现线上 + 线下的自主学习和翻转课堂教学模式。

5. 创新评价形式。教材中的每个任务都根据任务的特点，制定了评价标准。评价过程中不仅教师可以评价，给出改进建议，学生也可以根据评价标准进行自我评价，甚至非专业的人员通过评价表也可以进行准确的点评，从而落实了多方评价，实现了评价方式的改革。

本书由重庆市九龙坡职业教育中心彭毅、冯翠婷担任主编，重庆英咖餐有限公司董事长杨军参与编写指导。具体编写分工如下：彭毅主要负责咖啡篇的编写及全书的统稿、修改、文字整理工作；冯翠婷主要负责西点篇的编写及全书的修改、文字整理工作；彭毅、胡瑶、刘涛共同完成咖啡篇图片拍摄及微课视频录制；冯翠婷、成郁松、古方婷共同完成西点篇图片拍摄及微课视频录制。

由于编者的实践经验和理论水平有限，书中难免有不足之处，敬请广大读者提出宝贵意见和建议，以便教材修订时补充更正。

编　者

2022 年 2 月

MULU
目 录

咖啡篇

西点篇

咖啡篇

项目一　手工咖啡制作

项目二　半自动咖啡机的使用

项目三　花式咖啡制作

项目四　咖啡馆的筹备、服务与管理

手工咖啡制作

任务一 手冲壶冲煮咖啡

※ 任务目标

1. 能明确辨别咖啡豆的烘焙度；
2. 能正确选用咖啡豆的研磨度；
3. 能用手冲壶冲煮香浓的咖啡；
4. 能处理好手冲咖啡各项要素对萃取的影响；
5. 培养学生精益求精的工匠精神。

※ 导入情景

一位咖啡爱好者走进咖啡馆，来到吧台前点了一杯曼特宁咖啡，想要咖啡师用精品咖啡时代流行的手冲壶来冲煮这杯咖啡，既能品味到咖啡特有的风味，又能现场观看其制作方式，感受咖啡师精益求精的工匠精神。

※ 知识准备

一、咖啡豆烘焙

（一）咖啡豆烘焙的定义

咖啡豆烘焙是指通过对生豆的加热，使生豆中的淀粉经过高温转化为糖和酸性物质，同时纤维性等物质被不同程度地碳化，水分和二氧化碳挥发，蛋白质转化成酶和脂肪，剩余物质结合在一起，在咖啡豆表面形成油膜层，并在此过程中生成咖啡甘、酸、苦等多种味道，形成醇度和色调，生豆转化为深褐色豆的过程。

（二）咖啡豆的烘焙度

烘焙是决定咖啡味道很重要的一道工序，因生豆产地不同，呈现出来的特性也各异，各自应有相应的烘焙度，让生豆发挥最大的特性，呈现最佳状态。有的咖啡偏苦，有的咖啡偏酸，有的咖啡有坚果味或巧克力味，这都与烘焙度有关，如表 1-1-1 所示。

表 1-1-1 咖啡豆烘焙度及适用途径

烘焙度	咖啡豆特征	适用范围
浅度烘焙	最浅的烘焙，无香味及浓度，口味和香味均不足	主要适用试验
肉桂烘焙	外观呈肉桂色，酸度强，咖啡味淡	主要适用美式咖啡

续表

烘焙度	咖啡豆特征	适用范围
较浅的中度烘焙	颜色加深，容易提取咖啡豆的原味，香醇，酸味可口	主要适用混合咖啡
中度烘焙	颜色金黄，苦味和酸味达到平衡，醇度适中	主要适用蓝山、乞力马扎罗等咖啡品种
城市烘焙	苦味较酸味强，香味独特	主要适用哥伦比亚及巴西咖啡，为纽约人所喜爱
深度城市烘焙	以苦味为主，无酸味，优质的咖啡豆会有甜味	主要适用曼特宁、夏威夷可纳等特征强烈的咖啡豆
法式烘焙	色泽呈浓茶色带黑，苦味强劲，酸味已感觉不出，表面渗出油脂	主要适用冰咖啡、维也纳咖啡
意式烘焙	咖啡豆乌黑透亮，表面油光，已经炭化，苦味很强烈，咖啡豆原味难以辨出	主要适用快速咖啡及卡布奇诺咖啡

二、咖啡豆研磨度

研磨粗细适当的咖啡粉，对于制作一杯好咖啡非常重要。咖啡粉中水溶性物质的萃取时间有一定的规律性，如果咖啡粉偏细，冲煮时间长，会造成萃取过度，导致咖啡味道非常浓苦且失去芳香；如果咖啡粉偏粗，冲煮太快，会造成萃取不足，咖啡就会淡而无味，因为来不及把咖啡粉中水溶性物质溶解出来，如表 1-1-2 所示。

表 1-1-2　咖啡豆研磨度

研磨度	示意图	特征	适合冲煮器具
粗研磨		颗粒粗，大小与粗粒白砂糖一样	法式滤压壶
中度研磨		沙粒状，介于颗粒砂糖与粗白砂糖之间	滤纸、法兰绒滤网、虹吸壶
细研磨		颗粒细，如细砂糖般大小	摩卡壶、冰滴咖啡壶
极细研磨		大小介于盐与面粉之间	意式浓缩咖啡机

※ 任务实施

本任务是用手冲壶冲煮一杯香浓的咖啡。

一、材料与器具准备

材料：曼特宁咖啡豆 20 g、热水 300 mL、奶粒、袋糖。

器具：滴滤杯、滤壶、滤纸、手冲壶、温度计、咖啡杯、咖啡勺、电子秤、磨豆机等。滴滤杯结构分解如图 1-1-1 所示。

图 1-1-1　滴滤杯结构分解

二、实操步骤

手冲壶冲煮咖啡实操步骤如表 1-1-3 所示。

表 1-1-3　手冲壶冲煮咖啡实操步骤

步骤	图示	操作步骤
1. 称豆、磨豆		用电子秤称取 20 g 曼特宁咖啡豆，然后将咖啡豆放入磨豆机中研磨，采用中度研磨
2. 折放滤纸		将滤纸沿着边缘压痕折叠并压实，撑开滤纸放入滴滤杯中，用热水将滤纸完全浸湿贴于滤杯上，同时温热滤壶，然后将滤壶中的热水倒掉

续表

步骤	图示	操作步骤
3. 倒入咖啡粉		将研磨好的咖啡粉倒入滤纸中，轻敲滤杯，使咖啡粉表面抖平
4. 测量水温		将煮开的水倒入手冲壶中，用温度计测试水温，需控制在 88 ~ 93 ℃
5. 第一次注水		将手冲壶中的热水缓慢注入咖啡粉中，从中心点注入，采用螺旋状方式将咖啡粉完全浸湿即可
6. 形成焖蒸		咖啡粉表面开始膨胀，呈汉堡状，保持这种焖蒸状态 30 s 左右
7. 第二次注水		以画圆垂直的方式缓慢注入热水，让热水浸透咖啡粉，保持水流大小均匀且不断流，第二次注水量占整杯咖啡的 70% 左右
8. 第三次注水		咖啡粉表面陷落前进行第三次注水，按水粉比例适当补量

续表

步骤	图示	操作步骤
9. 斟倒咖啡液		移开滤杯，将滤壶中的咖啡液倒入温好的咖啡杯中，八分满即可
10. 咖啡服务		为客人送上手冲咖啡，用托盘端上，同时配备咖啡勺、奶粒、袋糖和纸巾，使用恰当的服务用语

三、操作要点

（一）咖啡豆新鲜度与咖啡的关系

新鲜的咖啡豆是冲煮一杯好咖啡的最基本要求，会直接影响咖啡的风味。采用手冲滴滤法冲煮咖啡，当热水与咖啡粉接触时，咖啡粉会膨胀起来，越是新鲜的咖啡豆，膨胀得越厉害，这是咖啡豆新鲜的明显标志。

（二）水温与咖啡的关系

咖啡豆烘焙度与冲泡水温成反比，浅烘焙的咖啡豆质地比较密实，冲煮过程中不易透水，适合 90 ~ 93 ℃的水；深烘焙的咖啡豆质地较为稀疏，吸水性好且粉层容易受水膨胀，咖啡液的焦苦味相对偏重，水温需控制在 88 ~ 90 ℃。

（三）咖啡粉粗细与咖啡的关系

咖啡粉磨得越细，水流透过粉层的时间越长，容易萃取过度而太苦。反之，磨得越粗，水流透过粉层的时间过快，芳香成分不易萃出，会导致萃取不足而无味。手冲咖啡在制作过程中要不断注水，不断过滤，对咖啡粉的粗细很有讲究。

（四）水与咖啡粉的比例

水与咖啡粉的比例对风味的影响极大，手冲壶冲泡的咖啡豆与萃取水量的比例应控制在 1 ：10 ~ 1 ：18，口味偏重者可以 1 ：10 ~ 1 ：12 的比例冲泡，即 20 g 咖啡豆萃取 200 ~ 240 mL 的咖啡液；口味偏淡者可以 1 ：13 ~ 1 ：18 的比例来调整。SCAA（美国精品咖啡协会）、SCAE（欧洲精品咖啡协会）的研究认为，1 ：18 是咖啡萃取的“黄金杯”准则，是客人比较容易接受的口味比例。

※ 检测评价

表 1-1-4　手冲壶冲煮咖啡考核评价表

考核内容	考核要点	完成情况				评定等级		
		优	良	差	改进方法	优	良	差
仪容仪表	①头发干净、整齐，发型美观大方，女士盘发，男士不留胡须及长鬓角							
	②手及指甲干净，指甲修剪整齐，不涂指甲油							
	③着装符合岗位要求，整齐干净，不得佩戴过于醒目的饰物							
器具准备	①器具准备齐全、干净							
	②操作台摆放有序，物品方便拿取							
称豆、磨豆	①正确称取咖啡豆							
	②选择合适的研磨度研磨咖啡豆							
萃取咖啡液	①正确折放滤纸并完全浸湿滤纸							
	②测量水温，严格控制在 88 ~ 93 ℃							
	③装咖啡粉，并使粉面平整							
	④第一次注水，要求由中心点缓慢地以螺旋状方式注入，使热水完全浸湿咖啡粉							
	⑤形成焖蒸，静置 30 s 左右							
	⑥第二次注水，使用正确的注水方式							
	⑦第三次注水，注水时机把握准确							
	⑧斟倒咖啡液至咖啡杯中，八分满							
咖啡服务	①托盘技能，咖啡配备物品齐全							
	②合理使用服务用语，语气亲切、恰当							
工作区域清洁	①器具清洁干净、摆放整齐							
	②恢复操作台台面，干净、无水迹							
口味评价	平衡感、香气							
操作时间	在 5 min 内完成							

※ 巩固练习

1. 手冲壶冲煮咖啡的操作步骤有哪些？
2. 在制作手冲咖啡时，应如何处理咖啡与水温、咖啡粉粗细、水粉比例等关系？
3. 曼特宁咖啡豆的产地、烘焙度及风味特点是什么？

※ 拓展知识

咖啡的起源

“咖啡”一词源自希腊语“Kaweh”，意思是“力量与热情”。咖啡树属茜草科多年生常绿灌木或小乔木。日常饮用的咖啡是用咖啡豆配合各种不同的烹煮器具制作出来的，而咖啡豆就是咖啡树果实内的果仁用适当的烘焙方法烘焙而成。

在发现咖啡的众多传说中，有两个故事令人津津乐道，那就是“牧羊人的故事”和“阿拉伯圣徒的故事”（图 1-1-2、图 1-1-3）。

图 1-1-2　牧羊人的故事

图 1-1-3　阿拉伯圣徒的故事

牧羊人的故事

大约公元 6 世纪时，一个名叫卡尔迪的阿拉伯牧羊人，有一天赶羊到伊索比亚草原放牧时，看到每只山羊都显得无比兴奋，雀跃不已。他觉得很奇怪，后来经过细心观察发现，这些羊群是吃了某种红色果实才会兴奋不已，卡尔迪好奇地尝了一些，发觉这些果实非常香甜美味，食后自己也觉得精神非常爽快。从此以后，他就时常赶着羊群一同去吃这种美味果实。卡尔迪将这种奇异的红色果实带回家，并分给同伴们吃，后来又将其熬制成汤汁食用。当地人在晚上做礼拜前喝这种汤汁，预防打瞌睡效果极好。从此，这种汤汁在当地广为流传。这种红色的果实就是咖啡豆，“咖啡”是当地地名的译音。

阿拉伯圣徒的故事

阿拉伯半岛的圣徒雪克·欧玛在摩卡是很受人民尊敬及爱戴的酋长，但因犯罪而被族人驱逐，被流放到该国的俄萨姆。他在这里偶然发现了咖啡树的果实，这是 1258 年的事。一天，欧玛饥肠辘辘地在山林中走着，看见枝头上停着一群羽毛奇特的小鸟啄食树上的果实后，发出极为悦耳婉转的啼叫声。他将此果实带回家并加水熬煮，不料果实竟发出浓郁诱人的香味，饮用后原本疲惫的感觉也随之消除。欧玛便采集许多这种神奇的果实，遇见有人生病时，他就将果实做成汤汁给他们饮用，他们很快便恢复了精神。这种神奇的“治病良药”就是咖啡。他四处行善，受到广大信徒的喜爱，不久他的罪得以赦免。回到摩卡的他，因发现这种果实而受到礼赞，人们并推崇他为圣者。

任务二　虹吸壶煮咖啡

虹吸壶煮咖啡

※ 任务目标

1. 能叙述虹吸壶冲煮原理；
2. 能用虹吸壶煮出一杯香醇的咖啡；
3. 能正确清洁及维护虹吸壶；
4. 培养学生的敬业精神。

晴朗的上午，一位女士走进咖啡馆，在咖啡馆的展示区看到一款类似化学实验工具的咖啡器具，被此器具深深吸引。店里的咖啡师看出了女士的好奇，准备用这款咖啡器具制作一杯香醇的巴西咖啡，不仅好喝而且制作过程还十分有趣，顾客还能感受到咖啡师一丝不苟的精神。

※ 知识准备

虹吸壶冲煮原理

虹吸壶俗称塞风壶或虹吸式，是简单又好用的咖啡冲煮方法，也是咖啡馆最普及的咖啡煮法之一。虹吸壶的冲煮原理主要是利用蒸汽压力，使玻璃下壶中加热的水经虹吸管和滤网向上流升，然后与玻璃上壶中的咖啡粉混合，完全萃取出咖啡粉中的营养成分，呈真空状态的玻璃下壶吸取玻璃上壶中的咖啡，经过滤网过滤咖啡渣，再度流回玻璃下壶，完成咖啡的萃取。

※ 任务实施

本任务是用虹吸壶冲煮一杯香醇的咖啡。

一、材料与器具准备

材料：巴西咖啡豆 20 g、热水 300 mL、奶粒、袋糖、纸巾。

器具：玻璃上壶、玻璃下壶及支架、滤网、酒精灯、搅拌棒、咖啡杯、咖啡勺、电子秤、磨豆机、湿毛巾等。虹吸壶结构分解如图 1-2-1 所示。

图 1-2-1　虹吸壶结构分解

二、实操步骤

虹吸壶冲煮咖啡实操步骤如表 1-2-1 所示。

表 1-2-1　虹吸壶冲煮咖啡实操步骤

步骤	图示	操作步骤
1. 称豆、磨豆		用电子秤称取 20 g 巴西咖啡豆，放入磨豆机中研磨成粉，采用中度研磨
2. 装水		将 300 mL 热水装入玻璃下壶，并擦干玻璃下壶表面，保证无水滴

续表

步骤	图示	操作步骤
3. 放好滤网		将滤网放进玻璃上壶，用手拉住滤网下端的铁链，轻轻钩住玻璃管末端，用搅拌棒将滤网拨正
4. 斜插上壶并点火		将玻璃上壶斜插入玻璃下壶，让橡胶边缘抵住下壶，使铁链浸泡在玻璃下壶水中，然后点燃酒精灯，等待观察玻璃下壶的气泡状况
5. 扶正上壶		玻璃下壶连续冒出大气泡时扶正玻璃上壶，玻璃下壶的水开始往上走，并用搅拌棒再次拨正滤网
6. 装粉并第一次搅拌		将咖啡粉倒入玻璃上壶，用搅拌棒迅速将粉压入水中，由外向内下压，前后左右呈“十”字搅拌，再顺时针搅拌两下，将咖啡粉均匀地拨开至水里，开始计时
7. 第二次搅拌		第一次搅拌后将火调小，维持 30 s 的静置状态，然后进行第二次搅拌，计时 20 s
8. 第三次搅拌并熄火		第三次搅拌后，立即用酒精灯盖将酒精灯熄灭，用提前准备好的湿毛巾从侧面轻轻包住玻璃下壶，玻璃上壶的咖啡液迅速回到玻璃下壶

续表

步骤	图示	操作步骤
9. 斟倒咖啡液		一手握住玻璃下壶支架，一手拿住玻璃上壶上端，轻轻左右摇晃玻璃上壶，将玻璃上壶取出放置在玻璃上壶盖上，然后将咖啡液倒入温好的咖啡杯中至八分满
10. 咖啡服务		为客人送上虹吸壶咖啡，同时配备咖啡勺、奶粒、袋糖和纸巾，请客人慢慢享用

三、操作要点

（一）操作过程注意事项

1. 虹吸壶玻璃下壶表面必须擦干，不能有水滴，否则加热时可能会破裂。

2. 滤网放入玻璃上壶后，拉滤网下端的弹簧钩时，力度不宜过大或突然放开，否则会损伤玻璃上壶，且挂钩必须钩住玻璃管下端。

3. 搅拌动作要轻柔，避免暴力搅拌。如果是新鲜的咖啡粉，会浮在表面形成一层粉层，这时需要将咖啡粉搅拌开来，咖啡的风味才能被完整萃取。正确搅拌动作是将搅拌棒前后左右方向拨动，带着下压的劲道，将浮在水面的咖啡粉压入水下。

4. 用湿毛巾降温时，切忌碰到玻璃下壶底部酒精灯火焰接触的地方，防止玻璃下壶破裂。如果咖啡豆足够新鲜，玻璃上壶的水快速回落至玻璃下壶时，会有很多浅棕色的泡沫。

5. 咖啡杯需要提前用温水温杯，以保证咖啡出品的口感及香气。

6. 注意水质问题，不能用冷开水，建议用纯净水、蒸馏水或软水，待生水烧开后，马上煮咖啡。如果水沸腾久了，会变质。

（二）清洁及维护虹吸壶

1. 制作完咖啡后，需及时倒掉玻璃上壶中的咖啡渣。先用手握于玻璃上壶的玻璃管，用左手手掌轻拍壶口处三下，然后在玻璃上壶周围再轻拍三下，使咖啡渣松散以便倒掉。

2. 用清水冲洗玻璃上壶内侧，轻转一圈冲洗，再用清水直冲滤网，完全清除咖啡渣，再取下滤网的弹簧钩，用清水彻底洗净且晾干，尽量保持干燥，避免二次污染。

3. 清洗玻璃上壶时，可用洗杯刷沾上清洁剂，刷洗玻璃上壶内侧。冲洗时，需防止敲破壶口，避免玻璃管撞击水槽或杯子等。

4. 每次用过的滤网上的滤布，一定要拆下清洗，必须保证滤布干净且透水性能良好。

※ 检测评价

表 1-2-2　虹吸壶冲煮咖啡考核评价表

考核内容	考核要点	完成情况				评定等级		
		优	良	差	改进方法	优	良	差
仪容仪表	①头发干净、整齐，发型美观大方，女士盘发，男士不留胡须及长鬓角							
	②手及指甲干净，指甲修剪整齐、不涂指甲油							
	③着装符合岗位要求，整齐干净，不得佩戴过于醒目的饰物							
器具准备	①器具准备齐全、干净							
	②操作台摆放有序，物品方便拿取							
称豆、磨豆	①正确称取咖啡豆							
	②选择合适的研磨度研磨咖啡豆							
萃取咖啡液	①装水入玻璃下壶，保证玻璃下壶表面无水滴							
	②正确放好滤网，钩住玻璃管下端，斜插入玻璃下壶							
	③选对合适的时机扶正玻璃上壶							
	④将咖啡倒入玻璃上壶后进行第一次搅拌，采用正确的搅拌方法							
	⑤调整火力，静置 30 s 后进行第二次搅拌							
	⑥ 20 s 后进行第三次搅拌，并及时熄灭酒精灯，要求搅拌方法正确且熟练，搅拌方法与第一次相同							
	⑦正确使用湿毛巾进行玻璃下壶降温，使咖啡液迅速回到玻璃下壶							
	⑧正确分离玻璃上、下壶，斟倒咖啡液至咖啡杯中八分满							
咖啡服务	①咖啡配备物品齐全							
	②合理使用服务用语，语气亲切、恰当							
工作区域清洁	①器具清洁干净且晾干、摆放整齐							
	②恢复操作台台面，干净、无水迹							
口味评价	平衡感、香气							
操作时间	在 5 min 内完成							

※ 巩固练习

1. 虹吸壶冲煮咖啡的操作步骤有哪些？
2. 你在使用虹吸壶冲煮咖啡时遇到了哪些困难？
3. 查阅资料，还有哪些咖啡豆适合用虹吸壶冲煮？

※ 拓展知识

虹吸壶的起源与发展

1840年，苏格兰工程师罗伯特·内皮尔发明了塞风壶，后由法国的瓦瑟夫人取得专利。19世纪50年代，英国与德国已经开始生产制造塞风壶。虹吸是利用空气的压力，借助曲风管将甲容器内的液体移到乙容器里。塞风壶就是利用物理学上的虹吸现象冲泡咖啡，“塞风”是“虹吸”的音译，故塞风壶又被称作虹吸壶。

20世纪中期，虹吸壶分别被带到丹麦和日本，开始大规模走向市场。日本人喜欢虹吸壶的制作方式，认真推敲咖啡粉粗细、水和时间的复杂关系，研究出中规中矩的咖啡器具。丹麦人却重功能设计，20世纪50年代中期从法国进口虹吸壶的彼德·波顿，因为嫌法国制造的壶又贵又不好用，于是与建筑设计师合作，开发了第一支造型虹吸壶。

虹吸式咖啡壶在大多数人的印象里总带有一丝神秘色彩。近年来，意式浓缩咖啡非常流行，相比之下的虹吸式咖啡壶则需要较高的技术以及较烦琐的程序，在如今快节奏的时代里逐渐式微，但是虹吸式咖啡壶所能煮出咖啡的那份香醇是一般以机器冲泡的咖啡所不能比拟的。

任务三　法式滤压壶煮咖啡

※ 任务目标

1. 能叙述法式滤压壶的冲煮原理；
2. 能用法式滤压壶煮出一杯醇香的咖啡；
3. 培养学生的交流与协作的能力。

※ 导入情景

咖啡馆来了一位穿着体面的老大爷，由于心爱的孙子喜欢喝咖啡，今天特意来品尝一下。咖啡师与老大爷交谈后，发现老大爷平时喜欢喝茶，将为他冲泡一杯法式滤压壶制作的咖啡。制作方法与中国传统的泡茶方法有异曲同工之妙，能品味到咖啡原始的风味，口感醇香。

※ 知识准备

法式滤压壶冲煮原理

法式滤压壶是在 1850 年左右发源于法国的一种由耐热玻璃瓶身和带压杆的金属滤网组成的简单冲泡器具，起初多被用作冲泡红茶，因此也被称为冲茶器。用法式滤压壶冲煮咖啡采用密闭的浸泡方式，让沸水与咖啡粉全面接触，盖上滤芯，压杆焖煮，充分释放咖啡精华。法式滤压壶最能凸显咖啡原始与狂野的风味，因此对咖啡豆的品质要求较高。

※ 任务实施

本任务是用法式滤压壶冲煮一杯醇香的咖啡。

一、材料与器具准备

材料：夏威夷科纳咖啡豆 20 g、热水 200 mL、奶粒、袋糖、纸巾。

器具：法式滤压壶、尖嘴壶、搅拌棒、温度计、公克勺、咖啡杯、咖啡勺、电子秤、磨豆机等。法式滤压壶结构分解如图 1-3-1 所示。

玻璃容器

滤芯压杆

图 1-3-1 法式滤压壶结构分解

二、实操步骤

法式滤压壶冲煮咖啡实操步骤如表 1-3-1 所示。

表 1-3-1 法式滤压壶冲煮咖啡实操步骤

步骤	图示	操作步骤
1. 称豆、磨豆		用电子秤称取 20 g 夏威夷科纳咖啡豆，放入磨豆机中研磨成粉，采用粗研磨
2. 温壶、温杯		用热水温法式滤压壶，然后倒掉，在咖啡杯中倒入热水温杯

续表

步骤	图示	操作步骤
3. 倒入咖啡粉		把滤芯压杆取出，用公克勺将咖啡粉舀入滤压壶中
4. 测试水温		将 200 mL 热水倒入尖嘴壶中，用温度计测试水温，控制在 92 ℃左右
5. 注入热水		注入热水时，从咖啡粉中心点开始，然后以绕圈的方式慢慢注入，分两次注入
6. 搅拌咖啡粉		用搅拌棒进行搅拌，使热水与咖啡粉混合均匀
7. 盖上壶盖		盖上滤芯壶盖，但不要压下滤网，焖 3 ~ 5 min

续表

步骤	图示	操作步骤
8. 压下滤网		将滤网轻轻往下压，使咖啡粉和咖啡液分离
9. 斟倒咖啡液		将咖啡液倒入温好的咖啡杯中
10. 咖啡服务		为客人送上咖啡，同时配备咖啡勺、奶粒、袋糖和纸巾，请客人慢慢享用

三、操作要点

（一）操作过程注意事项

1. 咖啡粉要偏粗一点。因为热水直接接触咖啡粉，太细容易萃取过度，所以采用法式滤压壶制作咖啡时需采用粗研磨。

2. 一定要使用新鲜的咖啡粉。因为不是高压萃取，旧咖啡粉的味道很容易出现酸涩和焦苦。

3. 冲泡咖啡的热水一定要用净水。

4. 不要用过少的咖啡粉。一般用 20 g 左右咖啡粉加入 200 mL 水，采用 1 ：10 的比例进行冲泡。

5. 搅拌咖啡粉时，需呈顺时针方向均匀搅拌，搅拌棒不要触碰壶底，适当提高至离壶底 1/3 处搅拌。

6. 静置时间控制在 3 ~ 5 min。

（二）清洁及维护器具

1. 将法式滤压壶的滤芯压杆取出后分开清洗，擦干器具并放置。

2. 若频繁使用法式滤压壶，可使用咖啡器具专用清洁粉加以浸泡搓洗，再用清水冲洗干净晾干，可保持壶光亮如新。避免使用含香精的清洁剂，防止残留气味影响咖啡的品质。

※ 检测评价

表 1-3-2　法式滤压壶冲煮咖啡考核评价表

考核内容	考核要点	完成情况				评定等级		
		优	良	差	改进方法	优	良	差
仪容仪表	①头发干净、整齐，发型美观大方，女士盘发，男士不留胡须及长鬓角							
	②手及指甲干净，指甲修剪整齐、不涂指甲油							
	③着装符合岗位要求，整齐干净，不得佩戴过于醒目的饰物							
器具准备	①器具准备齐全、干净							
	②操作台摆放有序，物品方便拿取							
称豆、磨豆	①正确称取咖啡豆							
	②选择合适的研磨度研磨咖啡豆							
萃取咖啡液	①用热水温法式滤压壶，温咖啡杯							
	②测量水温，严格控制在 92 ℃左右							
	③使用正确的手法注入适量热水							
	④搅拌时，方法恰当且使热水与咖啡粉混合均匀							
	⑤焖煮咖啡，时间必须控制在 3 ~ 5 min							
	⑥轻轻压下滤网，咖啡液中无咖啡渣							
	⑦斟倒咖啡液至咖啡杯中							
咖啡服务	①咖啡配备物品齐全							
	②合理使用服务用语，语气亲切、恰当							
工作区域清洁	①器具清洁干净且晾干、摆放整齐							
	②恢复操作台台面，干净、无水迹							
口味评价	平衡感、香气							
操作时间	在 6 min 内完成							

※ 巩固练习

1. 用法式滤压壶冲煮咖啡的操作步骤有哪些？
2. 用法式滤压壶冲煮咖啡有哪些注意事项？
3. 对比用法式滤压壶冲煮的咖啡，与虹吸壶冲煮的咖啡有何不同？

※ 拓展知识

如何选购熟咖啡豆

新购咖啡豆启封后保存时间一般为1个月，而咖啡粉保存时间一般不要超过7天，所以最好买咖啡豆自己现磨（图1-3-2）。购买咖啡豆时，要关注其新鲜度，因为新鲜度是咖啡的生命。判定咖啡豆的新鲜度有3个步骤：一闻、二看、三剥。

图1-3-2　熟咖啡豆

（一）一闻

咖啡豆包装上一般有一个单向阀，用来排出咖啡豆自然释放的二氧化碳，购买时一定先看包装是否鼓起。咖啡豆在烘焙后的最初5天内才释放这种气体，如果包装是鼓起的，则靠近单向阀，品闻香气，容易闻到咖啡豆的香气，表示咖啡豆够新鲜；若是香气微弱，或是已经开始出现油味（类似花生或是坚果等放久后出现的味道），表示咖啡豆存放时间较长，咖啡豆已经不新鲜，是不可能煮出一杯好咖啡的。

（二）二看

首先确认咖啡豆的产地及品种，然后主要看以下3个方面：一是咖啡豆的出油状态；二是咖啡豆烘焙的色彩均匀度；三是看豆形。要看咖啡豆的色彩是否一致，颗粒大小、外形是否相仿。综合豆如大小、色泽不一，属正常现象；单品豆若如此，则是质量问题。每种咖啡豆都有其独特的外形，通过看豆形可以判断咖啡豆是否与包装上的标记相吻合。

（三）三剥

新鲜咖啡豆能很容易地用手剥开，且发出脆脆的声音；若烘焙时的火力均匀，咖啡豆的里外颜色应是一致的。如果不新鲜，情况则与上述描写不一致。

总之，选购咖啡豆主要是凭经验。首先，从咖啡豆的外观上辨其好坏，看颗粒大小是否一致，是否有贝豆、黑豆、蛀虫豆、膨胀豆、残缺豆等瑕疵豆，色泽是否均匀，有无色斑。然后用鼻子闻香味，看是否浓郁醇香。最后剥豆，听声音是否清脆。

任务四　摩卡壶煮咖啡

※ 任务目标

1. 能叙述摩卡壶的冲煮原理；
2. 能用摩卡壶煮出一杯浓醇的咖啡；
3. 培养学生的人际交往能力。

※ 导入情景

一位先生见完客户后来到咖啡馆，点了一杯摩卡咖啡，要求原味、不加奶，但在咖啡馆中，日常售卖的花式摩卡咖啡都是加奶、巧克力的，不太适合这位先生的要求。咖啡师想到有新进的摩卡咖啡豆，准备用摩卡壶来制作这杯咖啡，这样能让顾客品尝到咖啡豆原有的口感。

※ 知识准备

一、认识摩卡壶

摩卡壶又称意大利壶，是意大利传统的咖啡器具，从名称上来看，大多数人以为它与摩卡咖啡有关，其实不然。摩卡壶于 1933 年由一名意大利人发明，之后取名为 Moka，与 Mocha 的字义相同，所以容易混淆，也让很多人误以为使用这款咖啡壶就能煮出摩卡咖啡，然而它只是一种咖啡制作器具。摩卡壶萃取出来的咖啡味道浓郁，因其使用方便，制作家庭意式浓缩咖啡时广受欢迎。

二、摩卡壶冲煮原理

摩卡壶萃取咖啡是利用下壶内产生的蒸气压力（2 ~ 3 个大气压），当蒸气压力大到可渗透咖啡粉时，会将热水推至上壶，热水在流往上壶途中会经过滤器中的咖啡粉，快速萃取出咖啡的精华成分，喷流到上壶，萃取出的咖啡液有少量的水溶性油脂及芳香，给咖啡添加些许质感。

※ 任务实施

本任务是用摩卡壶煮一杯浓醇的咖啡。

一、材料与器具准备

材料：摩卡咖啡豆 20 g 、热水适量。

器具：摩卡壶、圆形滤纸、咖啡杯、咖啡勺、瓦斯炉、电子秤、磨豆机、毛巾等。摩卡壶结构分解如图 1-4-1 所示。

上壶

下壶

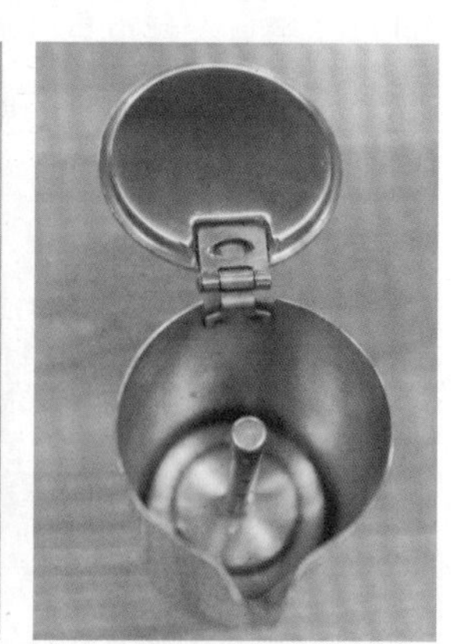
上壶柱状装置

安全阀

粉槽

过滤网及垫圈

图 1-4-1　摩卡壶结构分解

二、实操步骤

摩卡壶煮咖啡实操步骤如表 1-4-1 所示。

表 1-4-1　摩卡壶煮咖啡实操步骤

步骤	图示	操作步骤
1. 称豆、磨豆		用电子秤称取 20 g 摩卡咖啡豆，放入磨豆机中研磨成粉，采用中细研磨
2. 倒入热水		拧开摩卡壶的上下壶，将热水倒入下壶中，水量控制在安全阀的出气孔之下
3. 装咖啡粉		将粉槽及漏斗部分放置在下壶上，轻轻将咖啡粉倒入粉槽中，将其表面抹平，不需要填压
4. 放滤纸		将圆形滤纸浸湿后贴在上壶的过滤网上

续表

步骤	图示	操作步骤
5. 拧紧上下壶		用毛巾将下壶包住，对准上壶，然后按顺时针方向拧紧
6. 煮咖啡		将摩卡壶放置在瓦斯炉中央进行加热；下壶里的水沸腾后，下壶的内部压力会将其往上冲，萃取出咖啡，从上壶中间的喷嘴流入杯体中；当听到嘶嘶声和冒泡的声音，表示咖啡已煮好，关闭瓦斯炉
7. 斟倒咖啡液		将煮好的咖啡液倒入已温好的咖啡杯，八分满即可
8. 咖啡服务		为客人送上咖啡，同时配备咖啡勺、纸巾，请客人慢慢享用

三、操作要点

（一）操作过程注意事项

1. 注水时不能超过安全阀。安全阀在遇到下壶压力过高时会自动泄压，防止出现安全事故。水位如果高过安全阀，安全阀的作用就不能正常发挥。

2. 咖啡粉不要研磨太细。采用中细研磨即可，并且在装粉时不能用力压。装粉时应适当振动粉碗，让咖啡粉均匀分布。

3. 贴滤纸时，必须将滤纸完全浸湿后再贴于上壶的过滤网上。

4. 检查橡胶垫圈是否完好，上壶与下壶的丝口要对好后再拧紧，否则容易损坏壶。

5. 在煮咖啡过程中，需注意火力。有咖啡液流出时，需调小火力，直至听到壶内有嘶嘶声和冒泡声后立即关火。

6. 为客人送上咖啡时，因其出品温度高，应在其底部垫上瓷盘，并告知客人小心烫伤。

（二）清洁保养注意事项

1. 建议在首次使用新购的摩卡壶前，至少先试煮两次，再正式用来煮咖啡。

2. 清洗摩卡壶时，不能使用肥皂或其他洗涤剂，用温水清洗即可，以免加速摩卡壶的氧化；清洗后用毛巾擦拭所有零件至彻底干燥，在所有零件完全干燥前，勿重新组装产品；不能使用钢丝绒或其他研磨产品，以免损害其光亮的表面。

3. 定期检查粉碗、过滤网和垫圈是否磨损。摩卡壶使用一段时间后，零件可能老化，需要及时更换。

4. 使用时间长了以后，摩卡壶底部不可避免地会变色，用水掺醋便可去除。

（三）摩卡壶选购须知

1. 材质。这是首先需要考虑因素，因为摩卡壶加热后会产生高压，材质的优劣直接影响操作时的安全。一般储水容器材料有食用铝和不锈钢两种，建议选择不锈钢材料。选购时，一是掂量壶具的质量，就可以知道用料的多少，选择重一点的；二是看壶具外观的光洁度。

2. 密封性。一是看上壶和下壶之间的密封性；二是看安全阀的密闭性，是否有渗水现象。

3. 不同壶型适合不同品质的咖啡豆。瘦长型摩卡壶，储水容器高、深，受热慢，压力高，适合蒸煮浅烘焙咖啡；中高型摩卡壶，如 2 ~ 3 杯量以上的经典款摩卡壶，适合蒸煮中烘焙咖啡；矮胖型摩卡壶，储水容器宽、低，受热快，压力低，如 2 ~ 3 杯量以下的经典款摩卡壶，适合蒸煮深烘焙咖啡。

※ 检测评价

表 1-4-2 摩卡壶煮咖啡考核评价表

考核内容	考核要点	完成情况				评定等级		
		优	良	差	改进方法	优	良	差
仪容仪表	①头发干净、整齐，发型美观大方，女士盘发，男士不留胡须及长鬓角							
	②手及指甲干净，指甲修剪整齐、不涂指甲油							
	③着装符合岗位要求，整齐干净，不得佩戴过于醒目的饰物							
器具准备	①器具准备齐全、干净							
	②操作台摆放有序，物品方便拿取							

续表

考核内容	考核要点	完成情况				评定等级		
		优	良	差	改进方法	优	良	差
称豆、磨豆	①正确称取咖啡豆							
	②选择合适的研磨度研磨咖啡豆							
萃取咖啡液	①热水水量适当，水位在安全阀以下							
	②装粉且抹平							
	③滤纸浸湿且贴于过滤器							
	④正确拧紧上下壶							
	⑤仔细观察煮咖啡过程，火力调节时机恰当，听到嘶嘶声和冒泡声及时关火							
	⑥将咖啡液倒入温好的咖啡杯至八分满							
咖啡服务	①咖啡配备物品齐全							
	②合理使用服务用语，语气亲切、恰当							
工作区域清洁	①器具清洁干净且擦干，摆放整齐							
	②恢复操作台台面，干净、无水迹							
口味评价	平衡感、香气							
操作时间	在5 min内完成							

※ 巩固练习

1. 用摩卡壶煮咖啡的操作步骤有哪些？
2. 用摩卡壶煮咖啡有哪些注意事项？
3. 购买摩卡壶时应如何选择？现在市面上主要有哪些知名品牌的摩卡壶？

※ 拓展知识

咖啡秘闻

（一）摩卡的含义

1. 摩卡最早是指也门的一个海港名，现指咖啡豆。
2. 摩卡可可咖啡是一种带有巧克力风味的花式咖啡。
3. 摩卡壶是煮咖啡的一种器具，适合煮意式咖啡。

（二）单品咖啡

单品咖啡，是指用原产地出产的单一咖啡豆磨制而成，饮用时一般不加奶或糖的纯正咖啡。

单品咖啡有强烈的特性，口感特别，或清新柔和，或香醇顺滑，成本较高，因此价格也比较贵。单品咖啡有蓝山咖啡、巴西咖啡、哥伦比亚咖啡等，都是以咖啡豆的出产地命名的单品。

1. 蓝山咖啡：产于牙买加，纯牙买加蓝山咖啡将咖啡中独特的酸、苦、甘、醇等味道完美地融合在一起，香味十分浓郁，香醇甘滑、有持久的水果味，形成强烈诱人的优雅气息，其他咖啡望尘莫及，可谓咖啡中的极品。

2. 曼特宁咖啡：产于印度尼西亚的苏门答腊群岛，咖啡豆颗粒饱满，带有极重的浓香味、辛辣的苦味，特别喜欢它的人会沉迷于它的苦后回甘，同时又具有糖浆味和巧克力味，而酸味就显得不突出，但有种浓郁的醇度，是德国人喜爱的品种。

3. 摩卡咖啡：产于埃塞俄比亚，豆小而香浓，其酸醇味强，略带酒香，辛辣刺激，甘味适中，风味特殊，是颇负盛名的优质咖啡，通常单品饮用。

4. 巴西咖啡：品种种类繁多，多数咖啡带有适度的酸性特征，其甘、苦、醇三味属中性，浓度适中，口味滑爽而特殊，被誉为“咖啡之中坚”，单品饮用风味亦佳。

5. 哥伦比亚咖啡：产于哥伦比亚，烘焙后的咖啡豆会释放出甘甜的清香，具有酸中带甘、苦味中平的良质特性，且浓度适中，并带有持久水果清香，营养十分丰富，高均衡度，有时具有坚果味。因为浓度合宜的缘故，它也被应用于高级的混合咖啡中。

6. 肯尼亚咖啡：芳香、浓郁，酸度均衡可口，具有多层次感的口味和果汁的酸度，完美的柚子和葡萄酒的风味，醇度适中，是许多人士喜爱的单品。

7. 科纳咖啡：产于夏威夷，是只能栽种在火山斜坡上的稀罕品种。味道香浓、甘醇，且略带一种葡萄酒香，风味极特殊。科纳咖啡有适度的酸味和温顺丰润的口感，以及一股独特的香醇风味，由于产量日趋减少，价格直追蓝山咖啡。

8. 危地马拉咖啡：产于拥有肥沃的火山岩土壤的危地马拉安提瓜区，是咖啡界相当著名的咖啡品种之一。肥沃的火山岩土壤造就了其举世闻名的柔和口感、香醇口味，略带热带水果味道。丰富的滋味完美协调，加上一丝丝烟熏味，更突显它的古老与神秘。许多咖啡专家评价危地马拉咖啡为所有中南美洲咖啡中最佳的品种。

9. 乞力马扎罗咖啡：产于坦桑尼亚的乞力马扎罗，是一种不带酸的咖啡品种，口味香浓，以多重口感闻名。讲究的咖啡雅客，想要感受异国风味、沸腾味觉，品尝乞力马扎罗咖啡就是最佳的选择。其香味与口感足以让初试咖啡的饮客难以忘怀。

任务五　冰滴壶制作咖啡

※ 任务目标

1. 能叙述冰滴壶的冲煮原理；
2. 能用冰滴壶制作一杯冰滴咖啡；
3. 培养学生的合作能力。

※ 导入情景

炎热的夏天，许多人都喜欢去一家比较有名的咖啡馆喝咖啡，原因是这家咖啡馆有极具特色的冰滴咖啡。这种咖啡每天限量 10 杯，售价 120 元一杯。一天，李先生来到这家咖啡馆，要求咖啡师推荐一杯最具特色的咖啡，刚好咖啡馆还有一杯冰滴咖啡，于是咖啡师向客人推荐了这款咖啡。李先生看着价格，询问为什么这款咖啡的价格如此之高，制作方法有何特别之处？于是咖啡师向客人演示了冰滴咖啡的制作过程。

※ 知识准备

一、冰滴壶冲煮原理

冰滴咖啡起源于欧洲，最初由荷兰人发明，也称“荷兰咖啡”，通过自然渗透水压，调节水滴速度，使用冷水慢慢滴滤而成，在 5 ℃的低温下萃取 8 h 甚至更长时间，让咖啡的原味自然体现。

简单地说，冰滴咖啡就是上壶的水滴，透过装有咖啡粉的中壶，由下壶承接萃取出来的冰咖啡。借助咖啡本身与水的相溶性，通过冷凝和自然渗透水压，调节水滴速度，萃取时间长达约 8 h，一点一滴地萃取而出。

二、冰滴咖啡的特点

冰滴咖啡采取咖啡低温萃取法，很难溶解出致苦的单宁酸等成分，咖啡粉在百分之百低温浸透湿润后，萃取出的咖啡口感香浓、滑顺、浑厚，令人赞赏。在一般的咖啡馆中，冰滴咖啡的价格是普通咖啡价格的三倍，而且购买要事先预约。

※ 任务实施

本任务是用冰滴壶制作咖啡。

一、材料与器具准备

材料：咖啡豆、纯净水 400 mL、冰块适量。

器具：冰滴壶、圆形滤纸、密封容器、咖啡杯、电子秤、磨豆机等。冰滴壶结构分解如图 1-5-1 所示。

上壶

中壶

下壶

调节阀

图 1-5-1　冰滴壶结构分解

二、实操步骤

冰滴壶制作咖啡实操步骤如表 1-5-1 所示。

表 1-5-1　冰滴壶制作咖啡实操步骤

步骤	图示	操作步骤
1. 称豆、磨豆		将电子秤称好的 50 g 咖啡豆，放入磨豆机中研磨成粉，采用中细研磨度
2. 放好滤纸		将圆形滤纸放入中壶底部
3. 装咖啡粉		用公克勺将约 50 g 咖啡粉舀入中壶，轻拍几下，使咖啡粉表面平坦
4. 再放滤纸		咖啡粉表面再放一张圆形滤纸，然后将中壶固定在下壶上
5. 加入适量冰块		关闭上壶水滴调节阀，并将上壶固定在中壶上，倒入 400 mL 冷纯净水（可添加适量冰块，但要扣除相应水量；根据冰滴速度，可分段加冰块，保持低温萃取，风味更佳）
6. 调节水流		注水加冰完成后，慢慢打开水滴调节阀，以每秒 2 滴左右的速度让水滴入下方中壶，将咖啡粉完全浸湿，成为咖啡液后穿过滤纸，最后落在下壶中

续表

步骤	图示	操作步骤
7. 存放咖啡液		将所准备的水滴完后，将制作好的咖啡液装入杯中，密封后存于冰箱冰镇
8. 咖啡服务		为客人送上冰滴咖啡、咖啡杯、纸巾，使用恰当的服务用语

三、操作要点

（一）操作过程注意事项

1. 使用前，需用清水清洗所有玻璃器具。

2. 保证滤纸品质，切忌使其有破洞、污损甚至受潮，以免影响咖啡的风味。

3. 注意水滴速度。如果水滴过快，咖啡粉上会有积水现象，咖啡液溢出过快，导致咖啡萃取不足，味道会过淡；如果水滴过慢，温度较高，滴漏时间则较长，咖啡易发酵，产生酸味、酒精味。

4. 在滴滤过程中，不能取用咖啡液，否则会导致咖啡液浓度不均。滴滤完后立即密封放入冷藏室，避免咖啡口感和风味受影响。

（二）清洁注意事项

1. 小心取出上壶，用清水冲洗干净并擦干。

2. 轻轻拍动中壶，倒掉咖啡粉，再将滤纸取出，充分清洗中壶，可用温水浸泡，使滴管的咖啡液完全被冲洗干净，然后晾干放好。

※ 检测评价

表 1-5-2　冰滴壶制作咖啡考核评价表

考核内容	考核要点	完成情况				评定等级		
		优	良	差	改进方法	优	良	差
仪容仪表	①头发干净、整齐，发型美观大方，女士盘发，男士不留胡须及长鬓角							
	②手及指甲干净，指甲修剪整齐、不涂指甲油							
	③着装符合岗位要求，整齐干净，不得佩戴过于醒目的饰物							

续表

考核内容	考核要点	完成情况				评定等级		
		优	良	差	改进方法	优	良	差
器具准备	①器具准备齐全、干净							
	②操作台摆放有序，物品方便拿取							
称豆、磨豆	①正确称取咖啡豆							
	②选择合适的研磨度研磨咖啡豆							
萃取咖啡液	①正确放入滤纸							
	②装入咖啡粉并铺平							
	③冷水和冰块的量控制恰当							
	④能有效调节水流，水流速度控制在每秒 2 滴左右							
	⑤确认滴滤完成，并密封冷藏							
咖啡服务	①选用合适的载杯，为客人送上							
	②合理使用服务用语，语气亲切、恰当							
工作区域清洁	①器具清洁干净且擦干、摆放整齐							
	②恢复操作台台面，干净、无水迹							
口味评价	平衡感、香气							

※ 巩固练习

1. 用冰滴壶制作咖啡有何特色？
2. 用冰滴壶制作咖啡的操作步骤有哪些？
3. 用冰滴壶制作咖啡过程中，有哪些需要注意的地方？

※ 拓展知识

喝咖啡的基本礼仪

（一）拿咖啡杯的要求

喝咖啡一般都是用袖珍型的杯子盛放。这种杯子的杯耳比较小，手指无法穿过去，但如果是用较大的杯子，也不能用手指穿过杯耳来端杯子。咖啡杯的正确拿法，是用拇指和食指捏住杯把，然后再将杯子端起。

（二）杯碟的使用和盛放

咖啡的杯碟都是特制的，它们要放在饮用者的正面或右侧，杯耳要指向右方。喝咖啡时，可以用右手拿着咖啡杯的杯耳，左手轻轻托着咖啡碟，慢慢地移向嘴边轻啜。不要用整只手去把握咖啡杯，大口地喝咖啡，也不要俯首去喝咖啡。喝咖啡时，不能发出任何声响。添加咖啡时，也不要把咖啡杯从咖啡碟中拿起来。

（三）咖啡勺的作用

咖啡勺是专门用来搅拌咖啡的。喝咖啡时，不能用咖啡勺舀着咖啡一勺一勺地慢慢喝，也不要用咖啡勺来捣碎杯中的方糖。咖啡加糖时，如果是砂糖的话，可以用咖啡勺舀取，直接放入咖啡杯内；如果是方糖，则要用糖夹子把方糖夹在咖啡碟的近身一侧，再用咖啡勺把方糖放入咖啡杯里。如果直接用糖夹子把方糖放入杯内的话，可能会使咖啡溅出，从而弄脏衣服或台布。咖啡勺还可以给咖啡降温，一般刚煮好的咖啡会有些烫，可以用咖啡勺在杯中轻轻搅拌，让杯中的咖啡冷却，或等咖啡自然冷却再饮用，但千万不要用嘴把咖啡吹凉，这是一种很不文雅的动作。

（四）喝咖啡与吃点心

喝咖啡时，可以吃一些点心，但不要一手端着咖啡杯，一手拿着点心，喝一口吃一口交替进行。喝咖啡时，要放下点心，而吃点心时，也要放下咖啡杯。

半自动咖啡机的使用

任务一 萃取意式浓缩咖啡

※ 任务目标

1. 能叙述意式浓缩咖啡的含义；
2. 能叙述萃取意式浓缩咖啡的四大要素；
3. 能用半自动咖啡机萃取出标准的意式浓缩咖啡；
4. 培养学生严谨的工作作风。

※ 导入情景

意式浓缩咖啡是咖啡馆中最基础的咖啡，咖啡师通过熟练地研磨、填压、压粉和萃取，再加入不同的材料来制作各种花式咖啡。咖啡师每次萃取意式浓缩咖啡时需严谨细致，准确萃取出想要的咖啡量，萃取出的咖啡表面有漂亮的油脂，香气十足。

※ 知识准备

一、意式浓缩咖啡的含义

意式浓缩咖啡始于20世纪初，最早发明并发展于意大利，其意大利语是Espresso，有“快速”或“快递”的意思。它是利用蒸汽压力在短时间内将咖啡液抽出。意式浓缩咖啡液表面有一层棕黄色或红棕色的泡沫咖啡油脂，具有锁香、保温、增醇的作用。

意式浓缩咖啡一般用作基底，搭配牛奶、奶泡制作出各种意式咖啡，如卡布奇诺咖啡、拿铁咖啡、焦糖玛奇朵等经典的花式咖啡，以及各种拉花咖啡，深受消费者的喜爱。

二、萃取意式浓缩咖啡的四大要素

一杯好的意式浓缩咖啡需要四大因素的配合，缺一不可，称为“4M”定律。

（一）混合（Miscela）

在意大利，浓缩咖啡的咖啡豆一般采用多种咖啡豆进行混合拼配，使其咖啡口感均衡，且风味独特。

（二）研磨（Macinazione）

正确的研磨度是萃取出浓稠美味浓缩咖啡的关键。咖啡粉太粗，滤网内的咖啡粉缝隙太大，对水阻力不够，咖啡流速过快，容易造成萃取不足，咖啡淡而无味。咖啡粉研磨太细，阻力过大，热水滞留在滤网的时间过长，流速过慢，容易造成萃取过度，咖啡有过多的焦味。

咖啡粉的粗细是否合适可从咖啡液的流速判断，原则上20 ~ 30 mL浓缩咖啡的萃取时间

应控制在 20 ~ 30 s，这表示咖啡粉的粗细较为恰当，此时从滤网流出的咖啡液如老鼠的尾巴，黏稠且不断是最佳状态。

（三）咖啡机（Macchina）

意式浓缩咖啡必须采用半自动咖啡机制作，才能达到适当的温度（92 ~ 96 ℃）及恒定的 9 ~ 10 个大气压萃取出浓缩咖啡的精华。

（四）咖啡师（Mano）

意式浓缩咖啡是咖啡师利用半自动咖啡机等设备手工制作出来的咖啡，咖啡师的操作技巧决定咖啡的品质。

※ 任务实施

本任务是萃取一杯标准的意式浓缩咖啡。

一、材料与器具准备

材料：意式咖啡豆。

器具：半自动咖啡机、意式专用磨豆机、咖啡杯、干毛巾等。半自动咖啡机结构如图 2-1-1 所示。

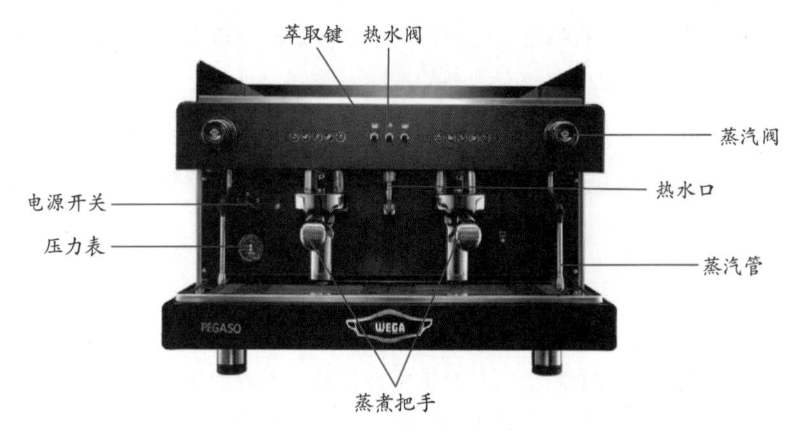

图 2-1-1　半自动咖啡机结构

二、实操步骤

萃取意式浓缩咖啡实操步骤如表 2-1-1 所示。

表 2-1-1　萃取意式浓缩咖啡实操步骤

步骤	图示	操作步骤
1. 打开半自动咖啡机		将咖啡机电源开关转到加热挡，使咖啡机加热，确认电源指示灯亮着，将两个蒸煮把手挂在咖啡机蒸煮头上

续表

步骤	图示	操作步骤
2. 检查水温、水压		大约 15 min 以后，咖啡机上的压力表到达设定值 9 ~ 10 个大气压，水温稳定在 92 ~ 96 ℃，可进行使用
3. 温咖啡杯		按下热水键，用热水进行温杯，然后将咖啡杯放置在半自动咖啡机的保温盘上
4. 取蒸煮把手		将蒸煮把手向左旋转 45°，取下蒸煮把手
5. 磨豆装粉		用干毛巾将蒸煮把手擦干，用意式专用磨豆机进行磨豆，采用极细研磨，然后将咖啡粉装入蒸煮把手（粉量根据把手容量定在 7 ~ 14 g）
6. 布粉		将布粉器放置在咖啡粉上，顺时针旋转两圈，使咖啡粉均匀分布在把手的滤碗中
7. 填压		将蒸煮把手靠在台面，并与台面垂直，以 20 lb 的力量将压粉器平稳垂直地向下压，最后旋转压粉器一圈；若有咖啡粉残留在滤碗周围，需用手指轻轻抹掉

续表

步骤	图示	操作步骤
8. 预浸蒸煮头		按下萃取键放水完成预浸，时间不超过 2 s
9. 上蒸煮把手		将蒸煮把手拿平，迅速以 45° 角将其扣入咖啡机凹槽中，再向右旋转锁定
10. 萃取咖啡液		上完蒸煮把手后，立即按下萃取键，取放咖啡杯，浓缩咖啡液萃取至杯中（能萃取出漂亮的咖啡油脂，在 20 ~ 30 s 萃取一杯 20 ~ 30 mL 的咖啡液）
11. 制作完成		咖啡油脂的颜色应为棕黄色或红棕色
12. 清洁		取下蒸煮把手，敲掉咖啡渣，按萃取键放水清洁蒸煮头和把手，并将把手擦拭干净，重新挂在咖啡机上

三、操作要点

1. 咖啡豆：制作意式浓缩咖啡一般采用深烘焙的拼配豆，是由多种适合调制意式浓缩咖啡的单一原豆调和而成。要拼配出口感均衡、香气浓郁、有特色风味的意式浓缩咖啡，咖啡豆必须新鲜（建议选用烘焙后 4 天内的咖啡豆）。

2. 研磨度：制作意式浓缩咖啡前要检查研磨度，意式浓缩咖啡的研磨度是极细研磨，呈面粉状。

3. 布粉：压粉前，必须让咖啡粉均匀分布在粉碗中。如果布粉不均匀，在咖啡液萃取过程中会出现咖啡液流速过快且不稳定，颜色很快变浅，萃取完后蒸煮把手中咖啡粉饼会有缺口或咖啡粉被水泡着，意味着萃取失败。

4. 压粉：通过一定的压力（20 ~ 30 lb）让松散的咖啡粉紧密，以便加压的热水均匀渗透，要求压粉后粉面光滑平整且夯实。填压时，应将压粉器把手处于手心位置，手腕和前臂垂直向上，让压粉器整体保持水平状态，再轻轻地往下压，使咖啡粉受力均匀，避免出现左右两边高低不一致的情况。压粉后，若蒸煮把手端口有残余咖啡粉，一定要清洁干净，以免损坏蒸煮头的密封圈。

5. 萃取时间：一般在 20 ~ 30 s 萃取一杯 20 ~ 30 mL 的意式浓缩咖啡为理想的萃取时间。

6. 清洁设备：清洁咖啡机设备是制作意式浓缩咖啡过程中的重要步骤。如果咖啡机蒸煮头中的过滤器、蒸煮把手未能经常清洗，制作出的意式浓缩咖啡会有腐油味。

7. 油脂颜色：意式浓缩咖啡油脂的颜色可以很好地反映出萃取度是否适中、粉量是否足够、填压力量是否到位、咖啡机的水温是否正常以及咖啡豆是否新鲜等。意式浓缩咖啡的颜色最好是棕黄色或红棕色。油脂颜色偏向乳白色则是萃取不足，可能与粉量不足、填压力量过小、水温过低、咖啡粉研磨过粗、水压不足或者咖啡豆不新鲜有关系；偏向黑褐色则是萃取过度，可能是粉量过多、填压力量过大、水温过高、咖啡粉研磨过细等原因造成。

※ 检测评价

表 2-1-2　萃取意式浓缩咖啡考核评价表

考核内容	考核要点	完成情况				评定等级		
		优	良	差	改进方法	优	良	差
仪容仪表	①头发干净、整齐，发型美观大方，女士盘发，男士不留胡须及长鬓角							
	②手及指甲干净，指甲修剪整齐、不涂指甲油							
	③着装符合岗位要求，整齐干净，不得佩戴过于醒目的饰物							
检查设备	①测试水的温度，稳定在 92 ~ 96 ℃							
	②观察水压表，到达设定值 9 ~ 10 个大气压							
磨豆装粉	①正确取下蒸煮把手							
	②选择合适的研磨度研磨咖啡豆							
	③装粉量根据把手容量定在 7 ~ 14 g							

续表

考核内容	考核要点	完成情况				评定等级		
		优	良	差	改进方法	优	良	差
布粉填压	①正确布粉，使咖啡密度均匀							
	②压粉力度恰当，粉面光滑平整							
	③把手端口残粉清理干净							
萃取咖啡液	①蒸煮头预浸 2 s							
	②正确上蒸煮把手							
	③立即按下萃取键							
	④及时取放温好的咖啡杯							
	⑤咖啡液流速正常，两边均匀							
	⑥萃取时间控制在 20 ~ 30 s							
	⑦咖啡液液量控制在 20 ~ 30 mL							
	⑧咖啡油脂颜色呈棕黄色或红棕色							
品鉴意式浓缩咖啡	①准备白开水，品尝咖啡前先喝一口							
	②用咖啡勺搅拌均匀后小口品尝							
	③口感均衡，入口圆润顺滑							
工作区域清洁	①蒸煮把手、咖啡机，蒸煮头清洁干净							
	②恢复操作台台面，干净、无水迹							
操作时间	在 2 min 内完成							

※ 巩固练习

1. 萃取意式浓缩咖啡的步骤有哪些？
2. 萃取意式浓缩咖啡时，有哪些注意事项？
3. 意式浓咖啡的油脂是什么？有何作用？它会受哪些因素的影响？

※ 拓展知识

半自动咖啡机

半自动咖啡机是相对于全自动咖啡机而言的。“自动”是指填豆、压粉之后只需要按一下按键，即可得到心仪的咖啡，而“半”是因为它不能磨豆，只能用咖啡粉，需要配套意式专业磨豆机。严格来说，半自动咖啡机才称得上专业咖啡机，因为一杯咖啡的品质不但与咖啡豆（粉）

的品质有关，还与咖啡机本身有关，更与煮咖啡者的技术有关。半自动咖啡机需要操作者自己填粉和压粉，每个人的口味不同，对咖啡的要求自然不同。而半自动咖啡机正可以通过操作者自己选择粉量的多少和压粉的力度来提供口味各不相同的咖啡，故称为真正专业的咖啡机。世界级的咖啡机有 FAEMA 半自动咖啡机、RANCILIO 半自动咖啡机、金巴利咖啡机。

（一）每日清洁保养工作

1. 咖啡机机身清洁：每日开机前用湿抹布擦拭机身，如需使用清洁剂，应选用温和、不具腐蚀性的清洁剂将其喷于湿抹布上，再擦机身（注意：抹布不可太湿，清洁剂更不可直接喷于机身上，防止多余的水和清洁剂渗入电路系统，侵蚀电线造成短路）。

2. 蒸煮头出水口清洁：每次制作完成后，将把手取下并按萃取键，将残留在蒸煮头内及滤网上的咖啡渣冲下，再将把手嵌入蒸煮头内（注意：此时不要将把手嵌紧）按萃取键并左右摇晃手把，以冲洗蒸煮头垫圈及蒸煮头内侧的咖啡渣。

3. 蒸汽棒清洁：使用蒸汽棒制作奶泡后，需将蒸汽棒用干净的湿抹布擦拭并再开一次蒸汽开关键，用蒸汽本身喷出的冲力及高温清洁喷气孔内残留的牛奶污垢，以维持喷气孔的畅通。如果蒸汽棒上有残留牛奶的结晶，应将蒸汽棒用装入八分满热水的缸杯浸泡，以软化喷气孔内及蒸汽棒上的结晶，20 min 后移开缸杯，并重复前述操作。

4. 锅炉清洁：为延长锅炉的使用寿命，如果长时间不使用机器，应将电源关闭并打开蒸汽开关，完全释放锅炉内压力，待锅炉压力表指示为零，蒸汽不再喷出后再清洗盛水盘和排水槽。

5. 盛水盘清洁：使用后，将盛水盘取下用清水抹布擦洗，待干后装回。

6. 排水槽清洁：取下盛水盘后，用湿抹布或餐巾纸将排水槽内的沉淀物清除干净，再用热水冲洗，使排管保持畅通。如果排水不良，可将一小匙清洁粉倒入排水槽内用热水冲洗，溶解排水管内的咖啡渣油。

7. 蒸煮把手清洁：将把手用热水润洗，每天至少一次，溶解出残留在把手上的咖啡油脂及沉淀物，以免蒸煮过程中部分油脂和沉淀物流入咖啡中，影响咖啡品质。

（二）每周清洁保养工作

1. 出水口清洁：取下出水口内的蒸煮铜头及网（如果机器刚使用过，小心高温烫手），浸泡 (1 000 mL 热水兑 3 小匙清洁粉）一天，让咖啡油渣、堵塞物从铜头滤孔流出，用清水冲洗所有配件，并用干净柔软的湿抹布擦洗；检视铜头滤孔是否都畅通，如有阻塞应用细铁丝或针小心清通；装回所有配件。

2. 蒸煮把手及滤碗清洁：分解蒸煮把手及滤碗浸泡至清洁液中（500 mL 热水兑 3 小匙清洁粉）一天，将残留的咖啡油渣溶解释出（注意：手把塑胶部分不可浸泡至清洁液中，以免手把塑胶表面受清洁液溶蚀）；用清水冲所有配件，并用干净柔软的湿抹布擦洗，然后装回所有配件。

（三）每月、季清洁保养工作

1. 滤水器清洁：检视，更换第一道、第二道滤水器滤芯，建议每月更换一次。

2. 软水器清洁：检视，更换第三道软水器。先将水源关闭，再将第三道软水器取出清洗，放入浓度为 10% 的盐水中浸泡即可。

任务二　打发奶泡

※ 任务目标

1. 能叙述牛奶的发泡原理；
2. 能正确选用打发奶泡的牛奶及器具；
3. 能用半自动咖啡机打发出优质的奶泡；
4. 培养学生良好的心理素质和克服困难的能力。

※ 导入情景

牛奶咖啡为很多顾客所喜欢，咖啡中含有绵密的牛奶奶泡、香甜的热牛奶和芳醇的咖啡，对咖啡师制作奶泡的品质要求较高。咖啡师刚刚打发出三杯奶泡，一杯表面出现粗泡泡，一杯奶泡稀薄，一杯奶泡厚重，这三杯奶泡是否符合牛奶咖啡的出品要求呢？咖啡师都需要经过长期的刻苦练习，才能保证打发出合格的奶泡。

※ 知识准备

一、牛奶的发泡原理

牛奶发泡是指利用蒸汽打牛奶，往液态的牛奶中打入空气，利用乳蛋白的表面张力作用，形成许多细小的泡沫，从而使液态的牛奶体积膨胀，成为泡沫状的奶泡。在发泡的过程中，乳糖因为温度升高，溶解于牛奶，并利用发泡作用使乳糖封在奶泡中，而乳脂肪的作用就是让这些细小泡沫形成安定的状态，使这些奶泡在饮用时在口中破裂，让味道与芳香物质较好地散发出来，使得牛奶产生香甜浓稠的味道和口感。在与咖啡的融合过程中，分子之间的黏结力会比较强，从而使得咖啡与牛奶充分结合，让咖啡和牛奶的特性能各自凸显出来，而又完全融合在一起，起到相辅相成的作用。

二、牛奶和器具的选用

- 牛奶：选用全脂牛奶，脂肪含量在3.2%～3.6%。牛奶在使用前应进行冷藏，最佳温度保持在5 ℃左右，可以减缓打发奶泡时温度的上升速度。
- 拉花缸杯：建议选用不锈钢材质的拉花缸杯，上窄下宽，容易形成旋涡。
- 奶泡勺：用蛋形尖口的奶泡勺，便于刮掉上层粗奶泡，留下绵密的奶泡，增强香滑的口感。
- 毛巾：干净的白色方毛巾，略微打湿，用于保持蒸汽管的清洁。

※ 任务实施

本任务是打发出一杯优质的奶泡。

一、材料与器具准备

材料：全脂牛奶。

器具：半自动咖啡机、拉花缸杯、奶泡勺、湿毛巾。

二、实操步骤

打发奶泡实操步骤如表 2-2-1 所示。

表 2-2-1 打发奶泡实操步骤

步骤	图示	操作步骤
1. 倒入牛奶		将冷藏后的牛奶倒入拉花缸杯中，液面到达拉花缸杯内部凹槽下缘 1 ~ 2 cm 的位置
2. 释放蒸汽		打开半自动咖啡机的蒸汽阀，释放蒸汽 1 ~ 2 s，蒸汽管中的冷凝水喷出后关闭
3. 找点定位		将半自动咖啡机的蒸汽管插入牛奶液面 1/3 处，蒸汽管喷头埋于牛奶液面以下 1 cm 的位置，蒸汽管与牛奶液面呈 45° 角
4. 打发奶泡		打开半自动咖啡机的蒸汽阀，让蒸汽注入牛奶中，在最短的时间形成漩涡，同时用手握拉花缸杯杯壁测温度，控制在 65 ℃左右最佳，打发至九分满
5. 清洁蒸汽管		打开半自动咖啡机的蒸汽阀，将残留在半自动咖啡机蒸汽管内的牛奶喷出，并用湿毛巾擦拭干净蒸汽管表面

续表

步骤	图示	操作步骤
6. 处理奶泡		将拉花缸杯上下震动，震破大的奶泡或用奶泡勺刮出；注入咖啡液前，需左右晃动摇匀牛奶和奶泡，使其充分融合

三、优质奶泡的判断标准

优质奶泡应有丝质般的柔滑、细腻口感，饮用时能感到泡沫在舌头上融化，并能感受到牛奶的香甜。将这种奶泡倒入意式浓缩咖啡中，奶泡会与浓缩咖啡的泡沫融为一体，形成口感怡人的牛奶咖啡。

优质奶泡的判断标准主要有两个方面：一是奶泡表面光滑且无大小不均匀的泡泡，如图2-2-1 所示；二是将拉花缸杯左右旋转时，奶泡会粘在拉花缸杯壁上，如图 2-2-2 所示。

图 2-2-1 表面光滑、泡泡均匀

图 2-2-2 奶泡粘在拉花缸杯壁上

四、操作要点

1. 牛奶的奶量：根据咖啡杯的容量倒入适量的牛奶，如果咖啡杯容量为 180 mL，其中意式浓缩咖啡为 30 mL，则需要在咖啡杯中倒入 150 mL 牛奶。为了制作快捷，咖啡馆通常使用双出口的蒸煮把手，可同时出品两杯卡布奇诺或一杯大份拿铁，选用 600 mL 的拉花缸杯，奶量控制在 240 ~ 300 mL。

2. 拉花找点定位：拉花缸杯口可贴着蒸汽管管道，便于操作稳定。在打发奶泡过程中，如果出现刺耳的“哧哧”声，说明蒸汽管喷头太深入牛奶液面，牛奶将不能发泡，应及时调整。

3. 形成漩涡：打开蒸汽阀后，将拉花缸杯慢慢往下移动，此时正在产生奶泡。当发泡量达到所需使用量时（根据不同花型而定），缸杯往上轻微移动（35° 较佳），此时寻找蒸汽喷发形成的漩涡稳住拉花缸杯，升温、打绵。

4. 手测温度：在打发奶泡的过程中，需注意牛奶的温度，以 65 ℃为最佳。一般采用手测温度的方式，也是对咖啡师技术的考验。在打发奶泡过程中，奶泡温度在持续上升，当手握住拉花缸杯感觉烫手无法忍受时，立即关闭蒸汽阀，同时奶泡也打至九分满。

5. 蒸汽管清洁：奶泡打发完成后，应立即空喷蒸汽，排出残留的牛奶，保持蒸汽管畅通，并用湿毛巾擦净蒸汽管表面的牛奶，避免出现奶垢，影响以后奶泡打发的品质。

※ 检测评价

表 2-2-2　打发奶泡考核评价表

考核内容	考核要点	完成情况				评定等级		
		优	良	差	改进方法	优	良	差
仪容仪表	①头发干净、整齐，发型美观大方，女士盘发，男士不留胡须及长鬓角							
	②手及指甲干净，指甲修剪整齐、不涂指甲油							
	③着装符合岗位要求，整齐干净，不得佩戴过于醒目的饰物							
准备工作	①选用冷藏的全脂牛奶							
	②选用大小合适的拉花缸杯							
倒入牛奶	倒入的牛奶奶量恰当							
释放蒸汽	①冷凝水是否完全喷出							
	②蒸汽管表面擦拭干净							
找点定位	①蒸汽管位于牛奶液面 1/3 处							
	②蒸汽管喷头位于牛奶液面以下 1 cm 处							
	③蒸汽管与牛奶液面呈 45° 角							
清洁蒸汽管	①蒸汽管残留牛奶是否完全喷出							
	②蒸汽管表面擦拭干净							
奶泡处理	①表面光滑且无大小不均匀泡泡							
	②奶泡充分融合且有流动性							
操作时间	在 2 min 内完成							

※ 巩固练习

1. 牛奶的发泡原理是什么？
2. 如何打发一杯优质的奶泡？
3. 用半自动咖啡机打发奶泡应注意哪些问题？

※ 拓展知识

使用奶泡壶制作手工奶泡

使用奶泡壶制作手工奶泡非常适合喜欢在家制作牛奶咖啡的人，操作步骤简单，易上手。操作步骤如下：

1. 将冷藏好的全脂牛奶倒入奶泡壶中，分量不要超过壶的 1/2，如图 2-2-3 所示。否则在制作奶泡时牛奶会因为膨胀而溢出。

2. 将牛奶加热到 60 ℃左右，可以直接加热牛奶，也可以隔水加热。

3. 将盖子和滤网盖上，快速抽动滤网将空气压入牛奶中，如图 2-2-4 所示。只要在牛奶表面做动作即可，尽量不要打到底和拉到顶；抽动的次数控制在 30 下左右，抽动的频率要快。

4. 移开盖子和滤网，用奶泡勺将表面粗大的奶泡刮掉即可使用，如图 2-2-5 所示。

5. 奶泡壶使用后应立即清洗，尤其是滤网应清洗干净。

图 2-2-3　倒入牛奶

图 2-2-4　快速抽动滤网

图 2-2-5　去除表面粗大奶泡

任务三　制作拉花咖啡

制作
拉花咖啡

※ 任务目标

1. 能叙述拉花咖啡的主要制作方式；
2. 能理解做好拉花咖啡应具备的条件；
3. 能制作一杯心形图案的拉花咖啡；
4. 能制作一杯树叶图案的拉花咖啡；
5. 培养学生创新的能力。

※ 导入情景

咖啡馆来了两位年轻女生，点了两杯拉花咖啡，想看看咖啡上的图案是如何制作的，并拍摄视频分享给大家。咖啡师认真准备材料，现场为她们制作经典的心形图案和树叶图案的拉花咖啡，让她们感受到咖啡拉花的艺术性。

※ 知识准备

一、拉花咖啡的主要制作方式

拉花咖啡是从传统意式咖啡中发展出来的一种咖啡调制技术，制作时将发泡牛奶倒入浓缩咖啡液内，通过手的晃动在咖啡液面形成心形、树叶等图案。其主要的制作方式有直接倒入成形法和手绘图形法两种。

直接倒入成形法是指将发泡后的牛奶迅速倒入意式浓缩咖啡中，在牛奶、奶泡与意式咖啡融合到一定的饱和状态后，运用手部晃动控制技巧，使奶泡在意式浓缩咖啡液表面上形成各种各样的图案，如常见的心形、树叶、天鹅等。这种制作方式是咖啡师最为常用的。

手绘图形法是指在已经完成的意式浓缩咖啡与牛奶、奶泡融合的咖啡液面上，用巧克力酱或焦糖酱先画出基本线条，再用雕花棒勾画出各种图形。勾画的方法分为旋转法、画线法、雕塑法等。

二、做好拉花咖啡应具备的条件

做好拉花咖啡应具备五个条件：一是萃取一份好的意式浓缩咖啡液，有丰富的油脂，油脂颜色呈榛果色或红棕色；二是打发的奶泡绵密细致且具有流动性；三是配备顺手的尖嘴拉花缸杯；四是咖啡师手感好，功力深厚；五是选用大口径的咖啡杯。

※ 任务实施

本任务是制作一杯心形拉花咖啡和一杯树叶拉花咖啡。

一、材料与器具准备

材料：两杯意式浓缩咖啡液各 30 mL、牛奶适量。

器具：咖啡杯、2 个拉花缸杯。

二、实操步骤

1. 心形图案制作实操步骤如表 2-3-1 所示。

表 2-3-1　心形图案制作实操步骤

步骤	图示	操作步骤
1. 注入牛奶		一手拿着装有意式浓缩咖啡液的咖啡杯，将咖啡杯稍倾斜；一手拿着装有打发好奶泡的拉花缸杯，缸嘴对准咖啡液
2. 融合咖啡液		向意式浓缩咖啡液中以画圈的方式匀速注入牛奶，使牛奶与咖啡液均匀融合

续表

步骤	图示	操作步骤
3. 加大注入牛奶		当咖啡杯中的融合量达到 2/5 时，选择液面边缘为注入点，加大牛奶的注入量；当出现白点时，左右微微晃动拉花缸杯杯嘴，同时缩短拉花缸杯与咖啡杯的距离，图形线条开始呈水波纹方式向外推出
4. 拿正咖啡杯		牛奶注入 4/5 时，需慢慢拿正咖啡杯，同时定点保持好圆形，使白色奶沫形状保持在油脂的中心
5. 收尾成形		把牛奶往前细流收直，直至咖啡杯边缘，收尾完成，完整的心形图案制作完成

2. 树叶图案制作实操步骤如表 2-3-2 所示。

表 2-3-2　树叶图案制作实操步骤

步骤	图示	操作步骤
1. 注入牛奶		一手拿着装有意式浓缩咖啡液的咖啡杯，将咖啡杯稍倾斜；一手拿着装有打发好奶泡的拉花缸杯，缸嘴对准咖啡液；向意式浓缩咖啡液中以画圈的方式匀速注入牛奶，使牛奶与咖啡液均匀融合
2. 融合咖啡液		当咖啡杯中的融合量达到 2/5 时，选择液面中心点为注入点，慢慢加大牛奶注入量；出现白点时，呈 S 形轻微晃动拉花缸杯杯嘴，同时缩短拉花缸杯与咖啡杯的距离，流速不能变小，保持一定的冲力

续表

步骤	图示	操作步骤
3. 加大注入牛奶		当出现叶形时，慢慢往后拉，晃动幅度慢慢变小，奶泡的流速也适当变小
4. 拿正咖啡杯		牛奶注入 4/5 时，需慢慢拿正咖啡杯，同时一边往后拉，左右轻微晃动；一边注意将牛奶的注入速度变慢，流量变小
5. 收尾成形		拉到接近咖啡杯边缘时，拉花缸杯直接向前移动拉出直线，迅速抬起缸杯口，形成树叶枝干，完整的树叶图案制作完成

三、操作要点

1. 咖啡杯内的咖啡液基底要适量。若基底量过大，会使得杯内没有足够的空间，无法充分拉花；若基底量过小，拉花同样无法充分表现，还会造成奶泡和咖啡的比例失调，从而冲淡咖啡的香浓，使得调制出来的拉花咖啡只有奶味，而咖啡味道寡淡。

2. 打发的奶泡要求细腻且绵密。奶泡打好后应立即使用，放置久了会出现奶泡和牛奶的分层；使用奶泡前，左右晃动拉花缸杯，一定要将奶泡和牛奶充分混合，否则奶泡和牛奶倒入咖啡杯中会出现牛奶和咖啡混合，而上面则是一堆奶泡的情况，无法进行拉花。

3. 刚开始注入牛奶时，应将拉花缸杯提高，让牛奶以细长而缓慢的方式注入。这样做是为了压住白色泡沫，不让其上翻，才能使牛奶和咖啡充分融合。

4. 拉花的开始动作是左右晃动拿着拉花缸杯的手腕，重点在于稳定地让手腕做水平的左右来回晃动。这个动作只需要手腕的力量，不要整只手臂都跟着一起动。晃动正确时，杯中会开始呈现出白色的“之”字形奶泡痕迹。

5. 制作心形图案时，选择液面边缘为注入点，向中心点加大牛奶的注入量，当出现白点时原地左右晃动；制作树叶图案时，则选择液面中心点为注入点，向前杯壁慢慢加大牛奶注入量，出现白点时呈 S 形轻微晃动，慢慢往后拉。两者的拉花路径大不相同。

※ 检测评价

表 2-3-3 心形和树叶图案拉花咖啡制作考核评价表

考核内容	考核要点	完成情况				评定等级		
		优	良	差	改进方法	优	良	差
仪容仪表	①头发干净、整齐，发型美观大方，女士盘发，男士不留胡须及长鬓角							
	②手及指甲干净，指甲修剪整齐、不涂指甲油							
	③着装符合岗位要求，整齐干净，不得佩戴过于醒目的饰物							
准备工作	①器具材料准备齐全							
	②选用合适的拉花缸杯							
萃取意式浓缩咖啡	①两杯标准意式浓缩咖啡液各 30 mL							
	②有丰富的油脂，呈榛果色或红棕色							
打发奶泡	①打发够两杯拉花咖啡的奶泡量							
	②奶泡细腻且绵密							
	③正确处理奶泡，牛奶奶泡充分混合，具有流动性							
	④奶泡分缸均匀							
牛奶咖啡融合	①融合量不超过咖啡杯的 2/5							
	②没有出现白点奶沫							
图案制作	①图案居于咖啡杯中间，左右对称							
	②图案纹路清晰，心形、树叶图案造型明显							
	③咖啡杯外无污渍残留							
	④出品十分满							
工作区域清洁	①器具清洗干净、摆放整齐							
	②恢复操作台台面，干净、无水迹							
口味评价	平衡感、香气							

※ 巩固练习

1. 拉花咖啡主要的制作方式有哪些？
2. 心形图案是如何通过拉花的方式形成的？

3. 树叶图案是如何通过拉花的方式形成的?
4. 查阅资料，拉花咖啡还能制作哪些图案?这些图案是如何制作的?

※ 拓展知识

如何挑选合适的拉花缸杯进行拉花

奶泡打发和拿铁拉花是咖啡师必备的两项技能，两者都没有想象中的那么简单，尤其是在初学期，选择一个合适的拉花缸杯可助一臂之力。现在，市场上有很多种拉花缸杯品牌，不同材质、容量、嘴型、克重、颜色的不胜枚举。如何挑选合适的拉花缸杯进行拉花呢？可以从以下 5 个方面着手：

（一）宽度

选择足够宽的拉花缸杯，这样在打奶时能够形成漩涡效果。产生漩涡是为了将大气泡打碎，变成一个个微小的小气泡。在牛奶被充分打发和均匀加热后，这些微型气泡才会产生，才会有丝绒般顺滑、绵密、表面光亮的牛奶咖啡。

（二）大小

大多数的拉花缸杯都有一到两种不同的规格，即 12 oz（约 360 mL）和 20 oz（约 600 mL）。当然，也存在其他容量规格的奶杯。应根据出品需要来决定使用多大的拉花缸杯。如果拉花缸杯太空，蒸汽出口无法完全沉没在牛奶里，会产生大气泡，也会让牛奶产生喷溅；如果拉花缸杯太满，旋转时，牛奶有可能会溢出缸杯边缘。最理想的量是在缸杯中倒入牛奶至缸杯嘴下面的突出位置，也就是大约在缸杯的 1/3 处。拉花缸杯的容量大小还会影响拉花动作时的倾斜角度，这对冲形和收尾都会有影响。

（三）材质

大多数人会选用高质量的不锈钢材质，因为可以保证用蒸汽加热后牛奶温度的一致性，牛奶的打发温度也更容易被及时感知。如果觉得缸杯烫手或者十分不舒服的话，可以尝试外面带有特氟龙涂层材质的缸杯来保护手指。

（四）嘴形

心形和郁金香图案应该是咖啡师开始拿铁拉花旅程的起点。简单来说，先从模模糊糊的“一坨”开始，但要非常漂亮地倒出这“一坨”，要有着圆润的外形，也是不容易的。如果刚开始学习拉花，或者刚刚对打发牛奶找到一点感觉，想要提升这种图案的塑造，可以选用经典款圆嘴的拉花缸杯。这种拉花缸杯能够让泡沫均匀平缓，并相对以一个圆润的外形流出。

传统的叶子花纹或者其他复杂的组合图形（如天鹅或孔雀），更适合用窄口、相对尖嘴的拉花缸杯。这样的设计能够更好控制奶流走向，方便对细节进行设计。

（五）把手

不管是有把手还是没有把手的拉花缸杯，都可根据自己拉花时的习惯选择。有些人认为，无把手的缸杯在拉花时能赋予更多的灵活性，手拿的位置也多变，有更大的可控性。但也要注意缸杯的导热，如果选择一个无把手缸杯，一定要保证缸杯套的隔热效果良好。

花式咖啡制作

任务一　制作卡布奇诺咖啡

※ 任务目标

1. 能叙述卡布奇诺咖啡名字的来历；
2. 能区分卡布奇诺咖啡类型；
3. 能根据客人的需求制作出传统卡布奇诺咖啡或冰卡布奇诺咖啡；
4. 培养学生的协调沟通能力。

※ 导入情景

炎炎夏日，公司的陈女士在见完客户后，准备回公司，突然很想喝咖啡，来到咖啡馆点了一杯自己最喜欢的卡布奇诺咖啡。咖啡师做好后为陈女士送上，由于天气太热，陈女士表现出不太愿意喝的样子，咖啡师察觉后主动询问陈女士是否需要换成冰卡布奇诺咖啡，陈女士微笑地点点头。

※ 知识准备

一、卡布奇诺咖啡名字的来历

20 世纪初期，意大利人阿奇布夏发明了蒸汽压力咖啡机，同时也发展出了卡布奇诺咖啡。这是一种将相同量的意式浓缩咖啡和蒸汽泡沫牛奶混合的意大利咖啡。混合后的咖啡颜色，就像圣方济教会的修士在深褐色的外衣上覆着的头巾一样，因此而得名，取名为卡布奇诺（Cappuccino）。

二、卡布奇诺咖啡的分类

卡布奇诺咖啡分为干湿两种。干卡布奇诺咖啡是指采用奶泡较多、牛奶较少的做法，喝起来咖啡味浓过奶香，适合重口味者饮用。湿卡布奇诺咖啡是指采用奶泡较少、牛奶量较多的做法，奶香盖过浓郁的咖啡味，适合口味清淡者饮用。湿卡布奇诺咖啡的风味和目前流行的拿铁差不多。

卡布奇诺咖啡还以是否加入冰块为标准分为冰卡布奇诺咖啡和热卡布奇诺咖啡（传统的卡布奇诺咖啡）两种。

※ 任务实施

本任务是制作一杯传统卡布奇诺咖啡和一杯冰卡布奇诺咖啡。

一、传统卡布奇诺咖啡制作

（一）材料与器具准备

材料：意式浓缩咖啡液 30 mL、牛奶 150 mL、巧克力粉少许。

建议载杯：180 mL 咖啡杯。

器具：半自动咖啡机、拉花缸杯、奶泡勺。

（二）实操步骤

传统卡布奇诺咖啡制作实操步骤如表 3-1-1 所示。

表 3-1-1　传统卡布奇诺咖啡制作实操步骤

步骤	图示	操作步骤
1. 萃取意式浓缩咖啡液		用意式磨豆机磨粉，用半自动咖啡机萃取一份标准的意式浓缩咖啡液 30 mL 至已温好的咖啡杯中
2. 打发奶泡		将 150 mL 牛奶倒入拉花缸杯中，用半自动咖啡机打发成奶泡
3. 处理奶泡		轻轻上下抖动拉花缸杯，震破大的奶泡；左右旋转拉花缸杯，使牛奶和奶泡融合
4. 倒入奶泡	 	用奶泡勺舀入 2 ~ 3 勺奶泡至咖啡杯中心，然后将牛奶缓慢倒入至五分满时，一边倒入牛奶一边用勺子刮入奶泡至十分满；奶泡处于杯子中间，液面四周有油脂形成黄金圈

续表

步骤	图示	操作步骤
5. 装饰		在表面撒少许巧克力粉装饰

二、冰卡布奇诺咖啡制作

（一）材料与器具准备

材料：意式浓缩咖啡液 60 mL、冰牛奶 300 mL、糖水 15 mL、冰块适量、巧克力粉少许。

建议载杯：450 mL 玻璃杯。

器具：半自动咖啡机、意式磨豆机、手动奶泡缸、奶泡勺、量杯、吧匙。

（二）实操步骤

冰卡布奇诺咖啡制作实操步骤如表 3-1-2 所示。

表 3-1-2　冰卡布奇诺咖啡制作实操步骤

步骤	图示	操作步骤
1. 萃取意式浓缩咖啡液		用意式磨豆机磨粉，用半自动咖啡机萃取一杯标准的双份意式浓缩咖啡液 60 mL 至量杯中
2. 加入冰块		加适量冰块入玻璃杯至八分满
3. 倒入冰牛奶		将 200 mL 冰牛奶倒入玻璃杯中

续表

步骤	图示	操作步骤
4. 倒入咖啡液		将意式浓缩咖啡液倒入玻璃杯中
5. 加入糖水		将 15 mL 糖水加入杯中，并用吧匙搅拌
6. 手动打发奶泡		将 100 mL 冰牛奶倒入手动奶泡缸中，快速打发成奶泡
7. 舀入奶泡		将奶泡舀入玻璃杯中至满杯，并用奶泡勺抹平
8. 装饰		在奶泡表面撒上少许巧克力粉装饰

三、操作要点

（一）传统卡布奇诺咖啡制作注意事项

1. 倒入奶泡时，需要边倒牛奶边刮奶泡。如果牛奶倒得太慢，容易漏到拉花缸杯外，而且刮奶泡时要轻柔，不能用力过猛，否则容易出现表面奶泡图形不清晰的情况。

2. 制作传统卡布奇诺的奶泡要求厚重且绵密，出品时奶泡厚度至少达 2 cm。

3. 卡布奇诺咖啡出品时，需保证十分满或奶泡高出杯沿，且满而不溢。

4. 制作完成的咖啡表面，干净的白色奶泡图形和丰富的咖啡油脂形成鲜明的对比，奶泡周边有明显的黄金圈。

（二）冰卡布奇诺咖啡制作注意事项

1. 萃取咖啡液时，注意在 20 ~ 30 s 内萃取一杯标准的双份意式浓缩咖啡液 60 mL，表面有丰富的油脂。

2. 注意加入材料的顺序。先加入冰块再倒入咖啡液，让咖啡瞬间冻凝，锁住咖啡的香味，油脂留在液体表面。

3. 手动打发奶泡后，需将粗奶泡刮掉，奶泡厚重且细腻。

4. 冰卡布奇诺出品时，注意奶泡厚度与液体比例协调。

※ 检测评价

表 3-1-3　传统卡布奇诺咖啡制作考核评价表

考核内容	考核要点	完成情况				评定等级		
		优	良	差	改进方法	优	良	差
仪容仪表	①头发干净、整齐，发型美观大方，女士盘发，男士不留胡须及长鬓角							
	②手及指甲干净，指甲修剪整齐、不涂指甲油							
	③着装符合岗位要求，整齐干净，不得佩戴过于醒目的饰物							
准备工作	①器具材料准备齐全							
	②选用合适的咖啡载杯							
萃取意式浓缩咖啡液	①萃取一份标准的意式浓缩咖啡液 30 mL							
	②咖啡液表面油脂呈红棕色或榛果色							
打发奶泡	正确使用半自动咖啡机将牛奶打发成奶泡							
处理奶泡	①奶泡表面无大小不匀的泡泡							
	②奶泡厚重且细腻，表面光滑							
倒入奶泡	①白色奶泡干净，图形清晰							
	②奶泡周围形成黄金圈							
	③出品十分满							
	④奶泡厚度至少达 2 cm							

续表

考核内容	考核要点	完成情况				评定等级		
		优	良	差	改进方法	优	良	差
咖啡服务	①咖啡配备物品齐全							
	②合理使用服务用语，语气亲切、恰当							
工作区域清洁	①器具清洁干净、摆放整齐							
	②恢复操作台台面，干净、无水迹							
口味评价	平衡感、香气							
操作时间	在3min内完成							

表3-1-4 冰卡布奇诺咖啡制作考核评价表

考核内容	考核要点	完成情况				评定等级		
		优	良	差	改进方法	优	良	差
仪容仪表	①头发干净、整齐，发型美观大方，女士盘发，男士不留胡须及长鬓角							
	②手及指甲干净，指甲修剪整齐、不涂指甲油							
	③着装符合岗位要求，整齐干净，不得佩戴过于醒目的饰物							
准备工作	①器具材料准备齐全							
	②选用大小合适的拉花缸杯							
	③选用合适的咖啡载杯							
萃取意式浓缩咖啡液	①萃取双份意式浓缩咖啡液控制在60mL							
	②咖啡液表面油脂呈红棕色或榛果色							
加入冰块	加冰块入玻璃杯中至八分满							
倒入牛奶	倒入200mL冰牛奶至玻璃杯中							
倒入咖啡	将意式浓缩咖啡液倒入玻璃杯中							
打发奶泡	①正确使用手动奶泡缸将牛奶打发成奶泡							
	②奶泡表面无粗泡泡							
舀入奶泡	正确舀入奶泡到玻璃杯中至十分满，奶泡表面平坦							

续表

考核内容	考核要点	完成情况				评定等级		
		优	良	差	改进方法	优	良	差
装饰	撒入少许巧克力粉装饰							
咖啡服务	①咖啡配备物品齐全							
	②合理使用服务用语，语气亲切、恰当							
工作区域清洁	①器具清洁干净、摆放整齐							
	②恢复操作台台面，干净、无水迹							
口味评价	平衡感、香气							
操作时间	在3min内完成							

※ 巩固练习

1. 简述卡布奇诺咖啡名字的来历。
2. 传统卡布奇诺咖啡的制作步骤有哪些？操作过程中有哪些注意事项？
3. 冰卡布奇诺咖啡是如何制作的？

※ 拓展知识

花式咖啡与单品咖啡的区别

花式咖啡是指在浓缩咖啡的基础上按照不同比例加入各种调味品，如牛奶、奶油、巧克力、冰淇淋、洋酒、果汁等，可比喻为咖啡交响曲。经典的花式咖啡有卡布奇诺咖啡、拿铁咖啡、摩卡咖啡、维也纳咖啡、爱尔兰咖啡等。这类咖啡的口感能够为国内大部分人尤其是刚开始喝咖啡的人士所接受。传统卡布奇诺咖啡就是按照 1/3 的咖啡、1/3 的牛奶、由牛奶打发的 1/3 奶泡的比例制作而成的咖啡。花式咖啡里除意大利特浓咖啡容量特别少，只有 30 ~ 60 mL 外，其他咖啡容量在 120 ~ 300 mL。

单品咖啡泛指产自单一国家或产区的单一款式咖啡豆，可比喻为咖啡的独奏曲，如 cafe town 品牌的庄园系列、哥伦比亚的麦德林、埃塞俄比亚的耶加雪菲、哥斯达黎加的菲卡等。这是一种采用单品咖啡豆制作出来的纯咖啡，因为每个国家或不同地区拥有不同的气候、土壤与自然环境，栽种的咖啡因而各具特色。品尝“单品咖啡”可以了解某个国家或地区咖啡的特色与风味。一般单品咖啡的容量为 120 ~ 250 mL，上桌时会配一包糖和一颗奶球或一小盅全脂牛奶。

任务二　制作拿铁咖啡

※ 任务目标

1. 能叙述拿铁咖啡的来历；
2. 能制作一杯香浓的拿铁咖啡；
3. 培养学生善于观察的能力。

※ 导入情景

早上，一位先生走进咖啡馆，手里拿着一份三明治，想要点一份热牛奶，可咖啡馆不单独售卖牛奶。在这位先生正准备离开之际，咖啡师叫住了他，为其推荐了一款拿铁咖啡，里面大部分都是牛奶，只有淡淡的咖啡味，有开胃提神的作用，特别适合搭配三明治作早餐，制作时间只需要两分钟。顾客十分感谢咖啡师的推荐，爽快地答应了。

※ 知识准备

“拿铁”是意大利文“Latte”的音译，代表“牛奶”。拿铁咖啡是花式咖啡的一种，是咖啡与牛奶交融的极致之作。意式拿铁咖啡为纯牛奶加咖啡，美式拿铁咖啡则将部分牛奶替换成奶泡。

第一个把牛奶加入咖啡中的，就是维也纳人柯奇斯基。他在维也纳开设了一家“蓝瓶子”咖啡馆。刚开始的时候，咖啡馆的生意并不好，维也纳人不太适应这种浓黑焦苦的饮料，于是聪明的柯奇斯基改变了配方，过滤掉咖啡渣并加入大量牛奶——这就是如今咖啡馆里常见拿铁咖啡的原创版本。

※ 任务实施

本任务是制作一杯香浓的拿铁咖啡。

一、拿铁咖啡制作

（一）材料与器具准备

材料：意式浓缩咖啡液 30 mL、牛奶 240 mL。

建议载杯：280 mL 的咖啡杯。

器具：半自动咖啡机、拉花缸杯。

（二）实操步骤

拿铁咖啡制作实操步骤如表 3-2-1 所示。

表 3-2-1　拿铁咖啡制作实操步骤

步骤	图示	操作步骤
1. 萃取意式浓缩咖啡液		用半自动咖啡机萃取一份标准的 30 mL 意式浓缩咖啡液，装入咖啡杯中
2. 打发奶泡		将 240 mL 牛奶倒入拉花缸杯中，用半自动咖啡机打发成奶泡，要求奶泡细腻且薄
3. 处理奶泡		上下抖动，震破大的泡泡；左右旋转，使牛奶和奶泡充分融合，具有流动性
4. 注入牛奶奶泡		找个注入点，慢慢注入牛奶，使咖啡与牛奶均匀融合
5. 拉花装饰		选择液面边缘为注入点，加大牛奶的注入量；当出现白点时，左右微微晃动拉花缸杯杯嘴，图形线条开始呈水波纹方式向外推出；牛奶注入 4/5 时，慢慢拿正咖啡杯，同时定点保持好圆形，将牛奶往前细流收直，直至咖啡杯边缘
6. 制作完成		拿铁制作完成，出品十分满，拉花图形清晰

二、操作要点

1. 打发奶泡时，将2/3的蒸汽喷头埋入牛奶中。这样可以减少空气进入牛奶中，打发时只形成少量的奶泡，使奶泡细腻且薄。

2. 注入牛奶奶泡前，左右旋转拉花缸杯，使牛奶和奶泡充分融合，具有流动性，便于拉花图案的制作。

※ 检测评价

表 3-2-2 拿铁咖啡制作考核评价表

考核内容	考核要点	完成情况				评定等级		
		优	良	差	改进方法	优	良	差
仪容仪表	①头发干净、整齐，发型美观大方，女士盘发，男士不留胡须及长鬓角							
	②手及指甲干净，指甲修剪整齐、不涂指甲油							
	③着装符合岗位要求，整齐干净，不得佩戴过于醒目的饰物							
准备工作	①器具材料准备齐全							
	②选用合适的咖啡载杯							
萃取意式浓缩咖啡液	①萃取一份标准的意式浓缩咖啡液30 mL							
	②咖啡液表面油脂呈红棕色或榛果色							
打发奶泡	正确使用半自动咖啡机将牛奶打发成奶泡							
处理奶泡	奶泡细腻且薄，具有流动性							
倒入奶泡	①拉花图形清晰							
	②出品十分满，奶泡厚度小于0.5 cm							
咖啡服务	①咖啡配备物品齐全							
	②合理使用服务用语，语气亲切、恰当							
工作区域清洁	①器具清洁干净、摆放整齐							
	②恢复操作台台面，干净、无水迹							
口味评价	平衡感、香气							
操作时间	在3 min内完成							

※ 巩固练习

1. 简述拿铁咖啡的来历。
2. 拿铁咖啡的制作步骤有哪些?
3. 拿铁咖啡对奶泡有何要求?

※ 拓展知识

拿铁咖啡的其他制作方法

（一）冰拿铁咖啡的制作

制作材料：意式浓缩咖啡液 60 mL、冰牛奶 400 mL、糖水 20 mL、冰块适量。

建议载杯：大号玻璃杯。

制作方法：取 200 mL 冰牛奶倒入手动奶泡缸中，打发成奶泡；打发成奶泡后，刮掉表面粗奶泡；在量杯中加入约 20 mL 糖水，然后倒入载杯中，并加入冰块；取 200 mL 冰牛奶加入载杯中搅匀；萃取一杯双份意式浓缩咖啡液 60 mL 倒入载杯中；将奶泡舀入载杯中，满杯后抹平。

（二）香草拿铁

制作材料：香草糖浆 15 mL、牛奶 200 mL、意式浓缩咖啡液 30 mL。

建议载杯：大号陶瓷杯。

制作方法：将 15 mL 香草糖浆倒入咖啡杯中；萃取一份标准意式浓缩咖啡液 30 mL 装入咖啡杯中；取 200 mL 牛奶打发成奶泡，奶泡细腻且薄；然后将牛奶倒入咖啡液中至五分时，用勺子缓缓刮入奶泡至十分满，也可利用拉花技术制作图案。香草糖浆可替换成其他风味糖浆，如榛果味、焦糖味、陈皮味等糖浆，制作方法同上，呈现出不同风味的拿铁。

（三）抹茶拿铁

制作材料：抹茶粉 5 g、热水 30 mL、冰牛奶 200 mL。

建议载杯：大号陶瓷杯。

制作方法：将 5 g 抹茶粉和 30 mL 热水倒入载杯中，搅拌均匀；将 200 mL 冰牛奶倒入拉花缸杯中，用半自动咖啡机打发成奶泡，奶泡细腻且薄；将打发好的奶泡倒入杯中至满杯，可制作拉花图案；在表面撒点抹茶粉装饰即可。

任务三　制作摩卡咖啡

制作
摩卡咖啡

※ 任务目标

1. 能叙述摩卡咖啡名字的来历；
2. 能制作一杯漂亮的摩卡咖啡；
3. 能用雕花方式装饰摩卡咖啡；
4. 培养学生良好的服务意识。

※ 导入情景

寒冷的冬日，一杯暖暖的咖啡备受大家的喜爱。这周，咖啡馆特别推出花式摩卡咖啡系列，在咖啡中融入丝滑的巧克力，并用巧克力酱勾勒出漂亮图案。此时，咖啡馆进来一位女孩，点了一杯花式摩卡咖啡，满心欢喜地等待着咖啡师为她制作出漂亮的太阳花图案。

※ 知识准备

摩卡咖啡是由意大利浓缩咖啡、巧克力酱、鲜奶油和牛奶混合而成的一种经典花式咖啡。摩卡咖啡的名字起源于也门的红海海边小镇摩卡。这个地方在 15 世纪时垄断了咖啡的出口贸易，对销往阿拉伯半岛区域的咖啡贸易影响特别大。来自也门摩卡的咖啡豆呈巧克力色，这让人产生了在咖啡中加入巧克力的想法，并且发展出巧克力浓缩咖啡饮品，故而这类咖啡饮品被取名为摩卡咖啡。

※ 任务实施

本任务是制作一杯漂亮的摩卡咖啡。

一、摩卡咖啡制作

（一）材料与器具准备

材料：意式浓缩咖啡液 30 mL、牛奶 150 mL、巧克力酱适量。

建议载杯：220 mL 陶瓷咖啡杯。

器具：半自动咖啡机、拉花缸杯、雕花棒、吧匙、奶泡勺、挤酱瓶。

（二）实操步骤

摩卡咖啡制作实操步骤如表 3-3-1 所示。

表 3-3-1 摩卡咖啡制作实操步骤

步骤	图示	操作步骤
1. 萃取意式浓缩咖啡液		用半自动咖啡机萃取一份标准意式浓缩咖啡液 30 mL，装入已温好的咖啡杯中
2. 倒入巧克力酱		取 20 mL 巧克力酱倒入咖啡杯中，并用吧匙搅拌均匀

续表

步骤	图示	操作步骤
3. 打发奶泡		将 150 mL 牛奶倒入拉花缸杯中，用半自动咖啡机打发成奶泡，要求奶泡细腻且厚重
4. 处理奶泡		上下抖动，震破大的泡泡；左右旋转，使牛奶和奶泡充分融合，具有流动性
5. 倒入奶泡		用奶泡勺舀入 2 ~ 3 勺奶泡至咖啡杯中心，然后将奶泡中的牛奶缓慢倒入至五分满时，一边倒入牛奶一边用勺子刮入奶泡至十分满，奶泡在中间呈圆形
6. 挤入巧克力酱		将巧克力酱倒入挤酱瓶中，然后在奶泡中间挤入巧克力酱，画两个同心圆
7. 雕花		用雕花棒从圆心向外五等分，再在从每个花瓣中由外向圆心勾画，太阳花完成
8. 制作完成		摩卡咖啡制作完成

二、操作要点

1. 摩卡咖啡对打发奶泡的要求较高。要求打发的奶泡细腻且持久，便于雕花图案的制作。

2. 倒入奶泡时，需缓慢注入，不要晃动拉花缸杯，避免导致奶泡与咖啡液的混浊，保证白色奶泡位于咖啡杯中间呈圆形，周围有黄金圈。

3. 巧克力酱需倒入挤酱瓶后再挤入奶泡中，挤入奶泡前可先试一下挤出的巧克力是否具有流动性，用力大小是否均匀。

4. 需准备一条干净毛巾。雕花时，雕花针每一次勾画完后，需用毛巾擦拭干净，以免雕花针上附带的颜色污染其他地方。

※ 检测评价

表 3-3-2　摩卡咖啡制作考核评价表

考核内容	考核要点	完成情况				评定等级		
		优	良	差	改进方法	优	良	差
仪容仪表	①头发干净、整齐，发型美观大方，女士盘发，男士不留胡须及长鬓角							
	②手及指甲干净，指甲修剪整齐、不涂指甲油							
	③着装符合岗位要求，整齐干净，不得佩戴过于醒目的饰物							
准备工作	①器具材料准备齐全							
	②选用合适的咖啡载杯							
萃取意式浓缩咖啡液	①萃取一份标准意式浓缩咖啡液 30 mL							
	②咖啡液表面油脂呈红棕色或榛果色							
打发奶泡	正确使用半自动咖啡机将牛奶打发成奶泡，奶泡厚且细腻持久							
处理奶泡	奶泡表面无粗奶泡，具有流动性							
倒入奶泡	①奶泡在杯中呈圆形，周围有黄金圈							
	②倒入至十分满，奶泡厚度至少 1 cm							
雕花	①巧克力线条粗细均匀							
	②雕花棒勾勒花型时，花瓣大小均匀							
	③太阳花图案清晰，黑白分明							
咖啡服务	①咖啡配备物品齐全							
	②合理使用服务用语，语气亲切、恰当							

续表

考核内容	考核要点	完成情况				评定等级		
		优	良	差	改进方法	优	良	差
工作区域清洁	①器具清洁干净、摆放整齐							
	②恢复操作台台面，干净、无水迹							
口味评价	平衡感、香气							
操作时间	在5 min内完成							

※ 巩固练习

1. 简述摩卡咖啡名字的来历。
2. 摩卡咖啡是如何制作的?
3. 制作摩卡咖啡时，用雕花方式装饰有哪些注意事项?
4. 查阅资料，目前流行的雕花图案有哪些?

※ 拓展知识

制作流行摩卡咖啡

制作材料：意式浓缩咖啡液60 mL、牛奶200 mL、巧克力酱适量、奶油适量。

建议载杯：280 ~ 320 mL玻璃杯。

器具：吧匙、半自动咖啡机、拉花缸杯。

制作步骤：

①取30 mL巧克力酱倒入玻璃杯中。

②萃取一杯双份标准意式浓缩咖啡液60 mL，倒入玻璃杯，并用吧匙搅拌均匀。

③取200 mL牛奶倒入拉花缸杯中，用半自动咖啡机的蒸汽管将牛奶加热至常温，然后将牛奶倒入玻璃杯中。

④将打发好的奶油挤在液面上，奶油从玻璃杯四周向中间挤入，封杯挤成山峰状。

⑤在奶油表面挤上巧克力酱装饰，流行摩卡咖啡制作完成，口感香浓，巧克力味独特且甜腻，如图3-3-1所示。

图3-3-1　流行摩卡咖啡

任务四　制作焦糖玛奇朵咖啡

※ 任务目标

1. 能叙述焦糖玛奇朵咖啡名字的来历。
2. 能制作一杯甜蜜的焦糖玛奇朵咖啡。
3. 培养学生的协作能力。

※ 导入情景

今天是七夕节，咖啡馆里坐着许多年轻情侣。为营造节日的气氛，咖啡馆特推咖啡饮品“焦糖玛奇朵”，寓意着“甜甜蜜蜜”，咖啡师热情地为情侣们推荐这款咖啡饮品。

※ 知识准备

焦糖玛奇朵名字的来历

玛奇朵在意大利语里是“印记、烙印”的意思。玛奇朵咖啡是牛奶咖啡的一种，它是先将牛奶和香草糖浆混合后再加入奶沫，然后再倒入咖啡，最后在奶沫上淋上网格状焦糖。Caramel Macchiato 是玛奇朵咖啡的名字。Caramel 在英文里是“焦糖”的意思，顾名思义又被称为“焦糖玛奇朵”，象征着“甜蜜的印记”。焦糖玛奇朵咖啡不同于摩卡咖啡的厚重，细腻的奶沫与焦糖结合后，给人温柔、香甜的感觉。

※ 任务实施

本任务是制作一杯甜蜜的焦糖玛奇朵咖啡。

焦糖玛奇朵制作

（一）材料与器具准备

材料：意式浓缩咖啡液 30 mL、牛奶 150 mL、焦糖酱适量。

建议载杯：180 mL 陶瓷咖啡杯。

器具：半自动咖啡机、拉花缸杯、吧匙、量杯、奶泡勺、挤酱瓶。

（二）实操步骤

焦糖玛奇朵咖啡制作实操步骤如表 3-4-1 所示。

表 3-4-1　焦糖玛奇朵咖啡制作实操步骤

步骤	图示	操作步骤
1. 萃取意式浓缩咖啡液		用半自动咖啡机萃取一份标准意式浓缩咖啡液 30 mL，装入已温好的咖啡杯中

续表

步骤	图示	操作步骤
2. 倒入焦糖酱		用量杯取 15 mL 焦糖酱倒入咖啡杯中，并用吧匙搅拌均匀
3. 打发奶泡		将 150 mL 牛奶倒入拉花缸杯中，用半自动咖啡机打发成奶泡，要求奶泡细腻，厚度适中
4. 处理奶泡		上下抖动，震破大的泡泡；左右旋转，使牛奶和奶泡充分融合，具有流动性
5. 倒入奶泡		用奶泡勺将打发好的奶泡慢慢刮入咖啡杯中至满杯，奶泡在中间呈圆形，周围成黄金圈
6. 挤入焦糖酱		将焦糖酱倒入挤酱瓶中，然后在奶泡中间挤入焦糖酱，在液面做网状装饰
7. 制作完成		焦糖玛奇朵咖啡制作完成

※ 检测评价

表 3-4-2　焦糖玛奇朵咖啡制作考核评价表

考核内容	考核要点	完成情况				评定等级		
		优	良	差	改进方法	优	良	差
仪容仪表	①头发干净、整齐，发型美观大方，女士盘发，男士不留胡须及长鬓角							
	②手及指甲干净，指甲修剪整齐、不涂指甲油							
	③着装符合岗位要求，整齐干净，不得佩戴过于醒目的饰物							
准备工作	①器具材料准备齐全							
	②选用合适的咖啡载杯							
萃取意式浓缩咖啡液	①萃取一份标准意式浓缩咖啡液 30 mL							
	②咖啡液表面油脂呈红棕色或榛果色							
挤入焦糖酱	挤入 15 mL 焦糖酱至咖啡杯中，且搅拌均匀							
打发奶泡	正确使用半自动咖啡机将牛奶打发成奶泡，奶泡细腻，厚度适中							
处理奶泡	奶泡表面无粗奶泡，具有流动性							
倒入奶泡	①奶泡在杯中呈圆形，周围成黄金圈							
	②倒入至满杯							
装饰	①焦糖酱线条粗细一致							
	②网状线条之间间隔均匀							
	③图案清晰，出品美观							
咖啡服务	①咖啡配备物品齐全							
	②合理使用服务用语，语气亲切、恰当							
工作区域清洁	①器具清洁干净、摆放整齐							
	②恢复操作台台面，干净、无水迹							
口味评价	平衡感、香气							
操作时间	在 5 min 内完成							

※ 巩固练习

1. 简述焦糖玛奇朵咖啡名字的来历。
2. 焦糖玛奇朵咖啡的制作步骤有哪些?
3. 焦糖玛奇朵咖啡还有其他制作方法吗?

※ 拓展知识

康宝蓝咖啡

康宝蓝咖啡与焦糖玛奇朵咖啡是意大利咖啡“百花齐放”的“两朵花”。只要在意大利浓缩咖啡里加入适量的奶油，即轻松地制作出一杯康宝蓝咖啡。嫩白的鲜奶油轻轻漂浮在深沉的咖啡上，宛如一朵出淤泥而不染的白莲花，令人不忍一口喝下。

（一）康宝蓝咖啡制作方法

制作材料：意式浓缩咖啡液 30 mL，鲜奶油适量。

建议载杯：60 ~ 90 mL 陶瓷杯。

制作步骤：

①萃取一份标准意式浓缩咖啡液 30 mL，装入已温好的咖啡杯中。

②拿好奶油枪，将奶油枪倒置，右手拇指和食指握住奶油枪的防滑圈，中指、无名指和小指搭在奶油枪的开关上。

③按压奶油枪的开关，将裱花嘴头靠近咖啡液面，从杯子的 12 点钟方位开始，沿着杯壁顺时针旋转挤压奶油，旋转 3 ~ 5 圈。圈数与裱花头的大小也有关系，圈要越转越小，呈螺旋状上升，最后将裱花头轻轻压一下，再往上提即可。

④康宝蓝咖啡制作完成，口感细腻、醇厚，如图 3-4-1 所示。

图 3-4-1　康宝蓝咖啡

（二）奶油枪打发奶油的方法

图 3-4-2　奶油枪

①检查奶油枪（图 3-4-2）配件是否齐全，用热水清洗奶油枪配件，保证配件无残留的奶油，瓶身无异味。

②将适量的淡奶油倒入奶油枪瓶内。

③组装奶油枪。在奶油枪上部插入导气管，然后将硅胶密封垫安装平整，用左手拇指顶住导气管，右手将裱花嘴头旋进导气管，再将枪头与瓶身对应拧紧。

④在弹仓内加入打发气弹，再将气弹仓旋至枪头上。

⑤将奶油枪倒置，用力上下摇晃，一般男性咖啡师摇晃 15 ~ 20 下，女性咖啡师摇晃 20 ~ 25 下。

⑥摇晃后，可在小容器里打发出一朵奶油，观察奶油状态。如果奶油坚挺，塑形效果好，表面光滑，则代表奶油打发完成。

任务五　制作爱尔兰咖啡

※ 任务目标

1. 能叙述爱尔兰咖啡的故事；
2. 能制作一杯爱尔兰咖啡；
3. 培养学生的人际交往能力。

※ 导入情景

悠闲的傍晚，一位美丽的空姐本想喝一杯鸡尾酒，但是附近没有酒吧，于是，走进咖啡馆，在咖啡馆吧台坐下，问咖啡师有没有带酒的饮料咖啡。咖啡师为其推荐爱尔兰咖啡，在咖啡中加入爱尔兰威士忌，在品咖啡的同时也享受酒的美味，制作过程也很有趣。空姐微笑点头，在吧台默默地观看咖啡师制作爱尔兰咖啡，感受到酒文化和咖啡文化的有机结合。

※ 知识准备

爱尔兰咖啡的故事

爱尔兰咖啡源于一个凄美的爱情故事。一位在爱尔兰都柏林机场的酒保，对旧金山飞过来的空姐一见钟情，但是她每次到酒吧却只是随着心情点一杯咖啡，从未点过鸡尾酒，而酒保希望为她特调一杯酒。他觉得这个女孩就像一杯威士忌，于是便将威士忌与咖啡调制到一起，取名爱尔兰咖啡并加到菜单里。很久之后，女孩终于看到了这款咖啡。从研发出爱尔兰咖啡到被点到，花了太长的时间，酒保做咖啡时因为抑制不住激动的心情流下了眼泪，而且将眼泪在杯子边缘抹了一圈，他希望让女孩知道这种爱与思念发酵的味道。女孩也爱上了爱尔兰咖啡的独特，每次在都柏林机场着陆都会去点一杯，直到她不再做空姐，跟酒保告别。

她后来回到旧金山想念爱尔兰咖啡的味道，但是没有咖啡馆售卖。后来才知道，这款咖啡是酒保特地为她调制的。没过多久，女孩开了家咖啡店，卖起了爱尔兰咖啡。慢慢地，爱尔兰咖啡便在旧金山越来越流行。

爱尔兰咖啡既是鸡尾酒又是咖啡，本身就是一种美丽的错误。

※ 任务实施

本任务是制作一杯爱尔兰咖啡。

一、爱尔兰咖啡制作

（一）材料与器具准备

材料：热咖啡液 200 mL、方糖 2 块、爱尔兰威士忌 30 mL、奶油适量、巧克力酱适量。

建议载杯：爱尔兰咖啡专用杯（见图 3-5-1）。

器具：爱尔兰咖啡杯架及酒精灯（见图 3-5-2）、手冲壶、点火器、量杯、奶油枪。

图 3-5-1　爱尔兰咖啡专用杯

图 3-5-2　爱尔兰咖啡杯架及酒精灯

（二）实操步骤

爱尔兰咖啡制作实操步骤如表 3-5-1 所示。

表 3-5-1　爱尔兰咖啡制作实操步骤

步骤	图示	操作步骤
1. 冲泡咖啡液		用手冲壶冲泡出 200 mL 咖啡液
2. 倒入威士忌		将爱尔兰咖啡专用杯温热后，加入方糖，用量杯取 30 mL 爱尔兰威士忌倒入杯中
3. 点燃酒精灯		将杯子置于爱尔兰咖啡杯专用架上，点燃酒精灯并不停匀速转动咖啡杯，使其受热均匀；方糖融化后拿出杯子，将酒精灯盖灭，用点火器将杯中的酒点燃，匀速转动，使杯中的酒精挥发

续表

步骤	图示	操作步骤
4. 倒入咖啡液		将热咖啡倒入杯中至八分满
5. 挤入奶油		用奶油枪将发泡好的奶油挤入杯中，从杯壁开始，沿顺时针方向螺旋状挤入封杯
6. 制作完成		挤入适量巧克力酱做装饰，爱尔兰咖啡制作完成

二、操作要点

1. 制作爱尔兰咖啡时，必须选择专用杯。爱尔兰咖啡专用杯是一种耐热的烤杯，制作过程可以去除烈酒中的酒精，让酒香与咖啡更能够直接调和。

2. 爱尔兰咖啡专用杯上有三条线，底部与第一条线之间是爱尔兰威士忌，第一条线与第二条线之间是咖啡液，第二条线与第三条线之间则是奶油。

3. 加热威士忌和方糖时，需不停匀速旋转杯子，使其各面受热均匀；方糖渐渐融化时，需及时将杯子从架子上拿下，熄灭酒精灯。

4. 用点火器点燃杯中威士忌时，需倾斜杯子，杯口对准火源点燃，点燃后再将杯子放平匀速转动，酒精挥发完后燃火自然熄灭。

※ 检测评价

表 3-5-2 爱尔兰咖啡制作考核评价表

考核内容	考核要点	完成情况				评定等级		
		优	良	差	改进方法	优	良	差
仪容仪表	①头发干净、整齐，发型美观大方，女士盘发，男士不留胡须及长鬓角							
	②手及指甲干净，指甲修剪整齐、不涂指甲油							
	③着装符合岗位要求，整齐干净，不得佩戴过于醒目的饰物							
准备工作	①器具材料准备齐全							
	②选用爱尔兰咖啡专用杯							
冲泡咖啡液	正确使用手冲壶冲泡咖啡液 200 mL							
温杯	温热爱尔兰咖啡专用杯							
倒入威士忌	倒入威士忌 30 mL 至第一条线的位置							
加入方糖	轻放方糖 2 块，威士忌未溅出							
点燃酒精灯	①杯子正确放置于架上							
	②点燃酒精灯							
	③不停匀速旋转杯子，使受热均匀							
	④方糖融化，及时取下杯子并熄灭酒精灯							
点燃威士忌	正确点燃杯中威士忌，燃火自然熄灭							
倒入咖啡液	倒入 200 mL 热咖啡液，至第二条线的位置							
挤入奶油	①正确使用奶油枪发泡淡奶油							
	②正确使用奶油枪挤入奶油封杯，至第三条线的位置							
装饰	挤适量入巧克力酱作装饰							
咖啡服务	①咖啡配备物品齐全							
	②合理使用服务用语，语气亲切、恰当							
工作区域清洁	①器具清洁干净、摆放整齐							
	②恢复操作台台面，干净、无水迹							
口味评价	平衡感、香气、口感							
操作时间	在 10 min 内完成							

※ 巩固练习

1. 爱尔兰咖啡是如何产生的?
2. 爱尔兰咖啡的制作步骤有哪些?
3. 你还知道哪些酒可以与咖啡搭配做成花式咖啡?

※ 拓展知识

皇家咖啡

传说法兰西帝国的皇帝拿破仑远征俄国时，遭遇酷寒冬天，他命人在咖啡中加入白兰地来取暖，从而发明了皇家咖啡（见图 3-5-3）。蓝色的火焰散发出白兰地的芳醇与方糖的焦香，再加上浓浓的咖啡香，苦涩中略带甘甜。这款咖啡随着拿破仑的征战而迅速流传开来。

图 3-5-3　皇家咖啡

制作材料：热咖啡液 120 mL、白兰地 15 mL、方糖 1 块。

建议载杯：150 mL 陶瓷杯。

制作器具：比利时壶、皇家咖啡勺、点火器。

制作步骤：

①用比利壶制作出 120 mL 咖啡液，倒入已温好的咖啡杯中。

②将皇家咖啡勺至于咖啡杯上，将 1 块方糖放在勺子上。

③将白兰地轻轻倒在方糖上。

④用点火器点燃方糖，白兰地在燃烧，发出诱人的香味。

⑤熄火后将勺子放入咖啡液中搅拌，即可上桌饮用。

任务六　制作创意咖啡

※ 任务目标

1. 能叙述创意咖啡的制作理念;
2. 能制作流行的创意咖啡;
3. 培养学生的创新能力。

※ 导入情景

随着网络时代的来临，现在的流行趋势很快都能在网络上看到。白领珍珍在社交媒体上看到近期流行的咖啡饮品是 Dirty 咖啡和莫吉托咖啡，于是想去尝尝。她和好友一起来到咖啡馆，点了一杯 Dirty 咖啡和一杯莫吉托咖啡。咖啡师制作时，向珍珍解说这两款创意咖啡的灵感来源，使她们感受到人们在咖啡制作上的创新精神。

※ 知识准备

创意咖啡制作理念主要有 7 个原则：

1. 了解不同咖啡的差异、不同做法给咖啡口感带来的影响；

2. 了解各种食材的特性和食用方法，学会处理食材；

3. 了解市面上各种类别的饮品制作方法，以及国内外各个地区的饮品特色，并加以学习制作，这对未来创意咖啡制作方法选择有很多帮助；

4. 创意咖啡要与自己的爱好结合，或者和人们的饮食习惯结合，最好每一款创意咖啡都贴近生活，不断寻找灵感源；

5. 开始尝试制作带有灵感的创意咖啡，寻找品尝者，改进配方和制作方法；

6. 为有缘人调制自己的创意咖啡，讲述创意咖啡故事；

7. 一款经典的创意咖啡不能独享，需要将好的创意咖啡制作方法介绍给同行，让这款咖啡流行起来，被更多人喝到。如果藏着掖着，这款创意咖啡也就失去了意义，只能成为菜单中的新品。

※ 任务实施

本任务是制作一杯 Dirty 咖啡和一杯莫吉托咖啡。

一、Dirty咖啡制作

（一）材料与器具准备

材料：意式浓缩咖啡液 30 mL、冰牛奶 120 mL。

建议载杯：150 mL 玻璃杯。

器具：半自动咖啡机。

（二）实操步骤

Dirty 咖啡制作实操步骤如表 3-6-1 所示。

表 3-6-1 Dirty 咖啡制作实操步骤

步骤	图示	操作步骤
1. 冷冻玻璃杯		制作前，将玻璃杯放入冰箱冷冻 10 min 后取出

续表

步骤	图示	操作步骤
2. 倒入冰牛奶		将 120 mL 冰牛奶倒入玻璃杯中
3. 萃取意式浓缩咖啡液		萃取一杯双份意式浓缩咖啡液 30 mL，用装有冰牛奶的玻璃杯直接接流出的咖啡液，油脂保存在表面，咖啡液与牛奶形成分层，给人"脏脏"的视觉
4. 制作完成		Dirty 咖啡制作完成

（三）建议饮用方法

分三口饮用，第一口饮用时可以闻到浓烈的香气，尝到意式浓缩咖啡的强烈风味；第二口感受热浓缩咖啡液与冷牛奶形成的冰火两重天的双重口感；第三口品尝更多的奶味和甘甜。

二、莫吉托咖啡

（一）材料与器具准备

材料：意式浓缩咖啡液 30 mL、柠檬味汽水 1 瓶、白砂糖 10 g、薄荷叶少许、青柠 1 个、冰块适量。

建议载杯：450 mL 透明玻璃杯。

器具：半自动咖啡机、捣碎棒、切板、切刀。

（二）实操步骤

莫吉托咖啡制作实操步骤如表 3-6-2 所示。

表 3-6-2　莫吉托咖啡制作实操步骤

步骤	图示	操作步骤
1. 放薄荷叶		将清洗干净的薄荷叶用手适当拍打后放入玻璃杯底部
2. 放青柠捣碎		青柠清洗干净后切片，放入 4 小片至玻璃杯中，用捣碎棒轻轻按压，挤出柠檬汁
3. 加入白砂糖		加入 10 g 白砂糖
4. 加入冰块		加入冰块至满杯

续表

步骤	图示	操作步骤
5. 放柠檬片		将柠檬片放入杯中贴紧杯壁，用作装饰
6. 倒入汽水		倒入柠檬味的汽水至杯中七分满
7. 倒入咖啡液		用半自动咖啡机萃取 30 mL 意式浓缩咖啡液，倒入杯中至满杯
8. 制作完成		表面放薄荷叶作为装饰，莫吉托咖啡制作完成

※ 检测评价

表 3-6-3 创意咖啡制作考核评价表

考核内容	考核要点	完成情况				评定等级		
		优	良	差	改进方法	优	良	差
仪容仪表	①头发干净、整齐，发型美观大方，女士盘发，男士不留胡须及长鬓角							
	②手及指甲干净，指甲修剪整齐、不涂指甲油							
	③着装符合岗位要求，整齐干净，不得佩戴过于醒目的饰物							
准备工作	①器具材料准备齐全							
	②选用合适的载杯							
制作过程	制作过程表现专业、动作流畅							
装饰	能吸引人，独具特色							
口味评价	①口感平衡、风味独特							
	②凸显咖啡自身的特性，与其他材料搭配相辅相成							
咖啡服务	能为客人陈述创意咖啡的特色							
工作区域清洁	①器具清洁干净、摆放整齐							
	②恢复操作台台面，干净、无水迹							
操作时间	在 10 min 内完成							

※ 巩固练习

1. 创意咖啡制作理念的原则主要有哪些？
2. Dirty 咖啡是如何制作的？
3. 莫吉托咖啡是如何制作的？
4. 结合日常生活，自己研发一款创意咖啡，并说说这款创意咖啡的特色。

※ 拓展知识

网红创意咖啡制作

（一）荷包蛋泡沫咖啡制作

制作材料：意式咖啡液 30 mL、冰牛奶适量、可可粉、南瓜粉。

建议载杯：300 mL 透明玻璃杯。

制作器具：半自动咖啡机、意式磨豆机、手动奶泡缸、奶泡勺、吧匙、撒粉器。

制作步骤：

①将 250 mL 冰牛奶倒入玻璃杯中。

②玻璃杯放置在半自动咖啡机上，萃取的 30 mL 意式浓缩咖啡液直接流入玻璃杯中，与牛奶混合，形成渐变色。

③将 100 mL 牛奶倒入手动奶泡缸中，打发成奶泡，舀掉表面粗糙的奶泡。

④将细腻的奶泡舀入咖啡液中至九分满，中间出现圆形的白色奶沫。

⑤在奶泡表面撒入一层可可粉。

⑥在表面中间舀入两小勺奶泡，像荷包蛋的圆形，像蛋白的颜色。

⑦将南瓜粉调制成液体，用吧匙轻轻舀入蛋白中间，这样就形成荷包蛋的颜色。荷包蛋泡沫咖啡制作完成，如图 3-6-1 所示。

（二）脏脏咖啡制作

制作材料：意式浓缩咖啡液 30 mL、牛奶 150 mL、可可粉、零卡糖。

建议载杯：220 mL 透明玻璃杯和碟。

制作器具：半自动咖啡机、拉花缸杯、量杯、撒粉器、毛巾。

制作步骤：

①用半自动咖啡机萃取一份 30 mL 意式浓缩咖啡液。

②将牛奶倒入拉花缸杯中，加入一袋零卡糖，用半自动咖啡机进行打发，要求奶泡细腻绵密且持久。

③将咖啡液倒入玻璃杯中，撒粉器内装入可可粉，在咖啡液表面撒入些许可可粉。

④将牛奶从咖啡液面中心点注入，出现白色奶沫时加大注入奶量，直至十一分满时奶泡缓缓溢出。

⑤在奶泡表面撒入些许可可粉，给人以“脏脏”的感觉，如图 3-6-2 所示。

图 3-6-1　荷包蛋泡沫咖啡

图 3-6-2　脏脏咖啡

（三）西柚气泡冷萃制作

制作材料：冷萃咖啡液 100 mL、西柚汁 30 mL、西柚半个、苏打水 1 瓶、冰块适量、迷迭香。

建议载杯：450 mL 透明玻璃杯。

制作器具：切板、切刀、冰夹。

制作步骤：

①在玻璃杯中加入五分满的冰块。

②倒入 30 mL 西柚汁。

③切一片西柚放入杯中贴紧杯壁作装饰。

④加入冰块铺满，加入西柚颗粒。

⑤倒入苏打水至八分满。

⑥将准备好的冷萃咖啡倒入杯中至九分满。

⑦表面放入迷迭香作装饰，西柚气泡冷萃制作完成，如图 3-6-3 所示。

图 3-6-3　西柚气泡冷萃

咖啡馆的筹备、服务与管理

任务一　咖啡馆的筹备

※ 任务目标

1. 能叙述咖啡馆的分类；
2. 能区分不同类型咖啡馆的选址与定位；
3. 能理解咖啡馆设计与装修的注意事项；
4. 培养学生创新创业的能力。

※ 导入情景

校园里的“树心”咖啡馆（见图 4-1-1）开业了，在对外经营的同时还为学生提供实习岗位。喜欢咖啡的晓菲很高兴有机会来到咖啡馆实习，她是高二年级旅游服务专业的学生，想把课堂上所学的技能应用到实践中，为客人制作出满意的咖啡，将来自己也开一家咖啡馆。如果想开咖啡馆，晓菲除掌握咖啡师的技能外，还应考虑哪些问题，如何树立自己的咖啡馆文化和理念？

图 4-1-1　“树心”咖啡店

※ 知识准备

一、咖啡馆的分类

根据我国目前的咖啡馆业态情况，可以进行以下分类：

1. 根据投资主体的不同，咖啡馆分为国际连锁品牌咖啡馆（如星巴克咖啡连锁、咖世家咖啡连锁）、国内连锁品牌咖啡馆（如猫屎咖啡连锁、太平洋咖啡连锁）、国内外合资连锁品牌咖啡馆（如漫咖啡）和私营精品咖啡馆。

2. 根据经营项目来划分，咖啡馆分为传统咖啡馆、酒吧咖啡馆、餐饮咖啡馆和主题咖啡馆。

3. 按照咖啡豆供应商类型来划分，咖啡馆可分为商业咖啡馆和自家烘焙咖啡馆。

二、咖啡馆的选址与定位

咖啡馆的选址与定位和经营者的资金投入、针对的客群、目标等因素有关。现介绍目前国内主要类型的咖啡馆。

（一）休闲型咖啡馆

参考代表：各种个性店，无标准的参考样式。

开设地址：在二线公路或者街巷、高级住宅区与写字楼的交错结合点、校园区等环境相对优雅的地方，人流量以行人为主，最好门前有绿化带最佳。

咖啡特点：可以采用制作过程比较复杂的虹吸壶、冰滴壶、比利时壶等，结合小型半自动咖啡机，咖啡的花式相对较多，较有特色。

针对客户群：在附近上班或居住的人群，喜欢看书、写作等人士，需要一个比较好的环境谈事情或会客。

（二）商务型咖啡馆

参考代表：星巴克咖啡馆。

经营模式：咖啡馆以意式咖啡为主。

开设地址：一般选在写字楼、大型购物广场、星级酒店等地及其附近。

咖啡特点：以快速萃取咖啡为主，为上班、购物一族提供快捷的咖啡饮品。

针对客户群：白领阶层的上班族、中午或者下午休息的上班人士、商务洽谈、购物人士以及路过的人。

（三）豪华型咖啡馆

开设地址：对选择的地段很讲究，所选位置的档次一定要高档，周边环境比较好，主要是一些高级的商场或者附近、高级会所中心，要求交通便捷且停车方便。

咖啡特点：咖啡可能只是附属品，但销售的咖啡档次要求较高，结合销售各种高档酒和各种餐食。

针对客户群：成功人士，资金充足，数量相对较少，公司高层或企业负责人在此接待客人，洽谈生意。

经营者可根据实际情况进行咖啡馆初步选址，然后针对所在地客户群进行消费水平定位和装修风格确定。

三、咖啡馆的设计与装修

1. 咖啡馆风格的制定是主观与客观的妥协，既要咖啡馆业主喜欢，又要照顾到消费者能接受。确定咖啡馆的地址后，经营者追求的是薄利多销的“快”，还是追求单杯附加值高的“慢”，空间设计在很大程度上是为明确此功能而服务的。例如，在某人气超大的商业街，时尚简约风格明快的色彩、开放式的格局，能使消费的节奏更快。若弄得过分奢华、过于舒适，只会让消费者停留更长的消费时间，经营者则要考虑提高单杯饮品的价格以应付其成本。

2. 根据咖啡馆的地址和消费档次，确定咖啡馆的饮品单；咖啡师与装修设计师进行吧台设计，是专卖咖啡，还是兼营茶品，还是咖啡、茶、酒都售卖；出售的饮品不同，吧台设计也不同。吧台设计时，需考虑美观、整洁、功能分区等因素，机器设备与物品要分开，冷、热两部分要区分，冷区靠近门，热区在吧台尾部。

3. 拟订主要设备购置清单，购置与饮品单相配套的设备。商务型咖啡馆一般以出售意式咖啡为主，需配备至少一台双头意式咖啡机；休闲性咖啡馆配备一台单头意式咖啡机即可，搭配单品咖啡的制作器具，如手冲壶、虹吸壶等。如果想吸引更多的顾客，就应采购更多的设备，满足多样化的顾客需求。

4. 确定主要设备清单后，需同装修设计师和咖啡师现场共同确定设备的摆放，所需电源线、开关、插座（设备专用）、进水、排水设备的专属铺设，特别是要保证排水管道始终畅通，保证各项设备能同时使用。

四、咖啡馆开业物资准备

在装修后期，应根据饮品单确定所需原材料的数量和辅助设备，包括各种载杯的数量、种类，不同饮品使用的载杯也有所不同。根据饮品单和已采购的设备来确定饮品的规格、冲煮方法、所用载杯、原材料的用量等，在咖啡行业中，物料成本率一般应该控制在 30% ~ 35%。

※ 任务实施

本任务是拟订一份咖啡馆开店计划。

※ 巩固练习

1. 如何选择咖啡馆的位置?
2. 咖啡馆设计与装修有哪些注意事项?

※ 拓展知识

星巴克的故事

星巴克（Starbuck s）是美国一家连锁咖啡公司，1971 年成立，也是全球最大的咖啡连锁店，其总部坐落在美国华盛顿州西雅图市（见图 4-1-2）。星巴克旗下零售产品包括 30 多款全球顶级的咖啡豆、手工制作的浓缩咖啡和多款咖啡冷热饮料、新鲜美味的各式糕点食品以及丰富多样的咖啡机、咖啡杯等。

图 4-1-2　星巴克咖啡店

星巴克的成功在于它创造出“咖啡之道”，让有身份的人喝“有道之咖啡”。为了营造星巴克的“咖啡之道”，星巴克分别在产品、服务上创造自己品牌的独特价值。星巴克所使用的咖啡豆都是来自世界主要咖啡豆产地的极品，并在西雅图市烘焙。他们对产品质量达到极致的程度。无论是原料豆的运输、烘焙、配制、配料的掺加、水的标准，还是最后把咖啡端给顾客的那一刻，一切都必须符合严格的标准，都要恰到好处。

在服务方面，星巴克公司要求员工都掌握咖啡的知识及制作咖啡饮料的方法。除为顾客提供优质的服务外，还要向顾客详细介绍这些知识和方法。星巴克将咖啡豆按照风味来分类，让顾客可以按照自己的口味挑选喜爱的咖啡。

星巴克，靠咖啡豆起家，在近20年时间里一跃成为巨型连锁咖啡集团。它成功的内核则在于星巴克注重强调它的文化品位。它的价值主张之一是，星巴克出售的不是咖啡，而是人们对咖啡的体验，类似东方人的茶道、茶艺。茶道与茶艺的价值诉求不是解渴，而是获得某种独特的文化体验。咖啡只是一种载体，通过这个载体把一种独特的格调传送给顾客。咖啡的消费很大程度上是一种文化层次上的消费。文化的沟通需要的就是咖啡店所营造的环境文化能够感染顾客，让顾客享受并形成良好的互动体验。

任务二　咖啡馆的服务与管理

※ 任务目标

1. 能理解咖啡服务注意事项；
2. 能描述对客服务模式；
3. 能使用规范语言和动作进行对客服务；
4. 能灵活运用咖啡馆的管理制度；
5. 培养学生经营管理的能力。

※ 导入情景

"一品"咖啡馆即将开业，现在正在对外招募咖啡馆店长的岗位。面对这样一家新开的咖啡馆，经营者需要一位怎样的店长呢？咖啡师晓琳看到招聘信息后跃跃欲试。假如晓琳应聘上了店长，针对"一品"咖啡馆以后的服务与管理应该有哪些思考，如何实现职业生涯的可持续发展？

※ 知识准备

一、咖啡服务注意事项

一位训练有素的咖啡师必须具备良好的服务意识，对工作过程中需要提供的服务掌握到位，能与其他搭档合作良好，主动服务，也能遵守服务要求，提供高质量的咖啡服务。

（一）咖啡服务前的注意事项

1. 咖啡师应穿着制服，保持制服干净整洁。

2. 上班打卡后，在开始营业及工作分配前，应按要求打扫本人工作责任区域，时刻维护区域清洁卫生。

3. 应盘点并补充备用物品，如糖包、吸管、饮品杯等一次性消耗用品；了解当天门店推出的优惠活动，听取上级领导的工作分配。

（二）咖啡服务过程的注意事项

1. 在预先分配的工作岗位上就位。有顾客到来时，应有礼貌地领位，协助顾客入座点单。

2. 咖啡服务必须留意以下事项：

- 餐桌、椅子必须保持清洁，摆放整齐，使顾客感到舒适。
- 料理台配料需每日多次清点，保持齐备。
- 为顾客续杯添水应询问顾客需求，选择相应温度。
- 菜单如有破损应及时更换，确保完整干净。要充分了解菜单上各种咖啡的风味特点，点单时向顾客做适当的销售推荐。
- 结账时，应当准确而迅速地结算消费金额，将账单递交给顾客。

3. 不得在咖啡店主要走道中站立不动阻碍通行，更不可在店内奔跑追逐，以免引发意外。站立时，忌背对顾客，姿势要端正挺拔，给顾客留有良好的印象。如果遇到与顾客相对而行的情形，应侧身站立等顾客先行。整个咖啡服务过程中都要做到举止稳重，礼貌周到。

4. 接待顾客时，应遵循先来后到的原则，不可有特殊标准，以免引起其他顾客的反感。

5. 与顾客面对面对话时，声音宜温和；接听电话时，声音应轻柔，营业中不可接听私人电话。

6. 在门店服务时，切忌围聚一团聊天或嬉笑，应时刻关注顾客需求，同事间互相合作支援，共同为顾客服务。

7. 服务过程中不应介入顾客之间的对话，不得随意批评顾客的举动，更不能对顾客有过分的言行。

8. 顾客交代之事，应尽量予以满足。对于不能满足的，应对要诚恳，表述时口齿要清晰。

9. 遇偶发事故时切忌慌张失措，如遇顾客咖啡倾翻，应立即用抹布吸去液体，用干净口布盖在湿污上，并提醒顾客小心。

10. 对顾客携带的儿童应当注意照看，但绝不可逗弄或轻视。如果遇到儿童在店内乱跑，应当立即提醒顾客其危险性。

11. 服务时，遇事均应沉着处理，如遇为难事情应尽量忍让或向上级汇报。

12. 咖啡服务人员不应该在咖啡店外场用餐或吃零食。

13. 咖啡师主管在工作时间内，应适当留意咖啡师学徒的工作状态，随机应变，机动指挥；指示咖啡服务人员时，最好利用眼神等暗示，不宜直接用语言指示，并应经常训练咖啡服务人员如何领略这些暗示；咖啡服务人员如果因疏忽触怒了顾客，主管应立即上前道歉，了解情况并及时解决问题。

（三）席间服务注意事项

1. 顾客无意离去时，不得借故催促顾客。

2. 顾客离座后应注意有无遗留物品。如果拾获遗留物品，应立即呈报主管拾物时间与餐桌号码，办理失物招领。

3. 顾客结账离去时要以笑容欢送，并表示感谢光临。

4. 顾客离去后应当立即收拾桌面，撤除残余杯具，将地面清理干净，将座椅布置整齐，重新铺台摆设餐具，准备为下一位顾客服务。

（四）咖啡馆安全注意事项

1. 运营场所尽可能保持地面清洁。若杯子等器皿碎片或液体溅落在地板上，应及时打扫干净。

2. 如果地面湿滑应喷上防滑剂，保证行走安全。

3. 遇风雨天时，要特别留意咖啡馆进口的内外。雨天在门口可使用垫席，但要仔细检查是否铺平，以免绊倒顾客。

二、咖啡馆对客服务模式

咖啡馆对客服务模式一般有 3 种：全程服务模式、半服务模式、全自助模式。

全程服务模式是指顾客进店到结账的全过程均有服务人员陪同和操作，让客人享受舒适悠闲的环境，给人宾至如归的感觉。全程服务模式流程一般是：迎宾→客人进店→引座→上水→送饮品单→点单→附属客人所点饮品→下单→交吧台→端送咖啡→席间服务→结账→送客。

半服务模式是指客人进店后，直接到吧台点单，买单后由服务生将相应的饮品送到座位上。

全自助模式是指客人进店付账后，所有工作均由客人自己做。

三、咖啡馆对客服务规范

咖啡馆对客服务规范如表 4-2-1 所示。

表 4-2-1　咖啡馆对客服务规范

项目	语言规范	动作规范
迎宾	“欢迎光临！”“先生 \ 女士，上午好 / 下午好！”“×× 节日快乐！”	面向客人微笑并打招呼
引座	“请问您几位？”“这边请，请坐。”“请稍等。”	用右手为客人引位
上水	“请慢用。”	①取柠檬水，拿饮品单，托盘端上 ②为客人倒水，八分满
点单	“请问您想喝点什么” “请问您在口味上有什么特殊要求？” （为顾客推荐本店特色产品，介绍咖啡口味，询问顾客意见） “好的，您点的是……请稍等。”（点单后与顾客复核一遍点单内容）	①递上饮品单 ②介绍时与顾客有眼神交流，面带微笑，语速适当，语言清晰 ③将顾客点单内容输入点单机，或用纸笔记录，包括饮品的名称、温度、杯型和特殊要求（甜度、冰块、配料等）
下单	—	服务员直接通过点单机下单，下单正确、快速
咖啡师制作	若有客人询问，需耐心解答	制作咖啡的动作规范、熟练
端送咖啡	“这是您的……，请慢用。”	用右手端咖啡碟，从顾客右手侧放于两手之间，端放时轻拿轻放，咖啡杯耳和咖啡勺柄朝向顾客右侧
席间服务	根据客人需求，恰当使用规范用语	用眼睛扫视顾客台面情况，及时跟进服务，观察顾客的反应及动作，及时回应

续表

项目	语言规范	动作规范
结账服务	"这是您的账单，请过目。" "您一共消费了 ×× 元。" "请问您是付现金还是……" "我收您 ×× 元，这是找补您的 ×× 元，请收好。"	①递送客人账单，并确认金额 ②询问付款方式： • 现金（当面点清钱款，辨别真伪，找零也请顾客当面点清）； • 刷卡（提供刷卡设备，让顾客签字确认，将卡、顾客联底单、小票交付给顾客）； • 微信或支付宝（提供二维码，跟收银员确认收到款项）
送客服务	"请带好您的随身物品。" "谢谢您的光临，欢迎下次再来。" "您请走好。"	①迅速到顾客身后拉椅，并协助穿好外套 ②提示顾客带好随身物品 ③微笑道别，送至咖啡馆大门，并目送客人离开
撤台	—	顾客离开后立即撤台，清洁干净桌面，并重新摆上下次接待用具

四、咖啡服务管理制度

（一）吧台服务员规章

1. 服从公司各项规章制度，不迟到，不早退，不旷工，自觉接受工作安排。

2. 仪容仪表规范，统一着制服，配戴工作牌；男员工不准留长发、烫发、大鬓角、小胡须；女员工不留披肩发，着淡妆，不得浓妆艳抹。

3. 上岗时要精神饱满，端庄大方，面带微笑，谈吐文雅，不卑不亢，坐立、行走姿势端正，遇到宾客主动点头问好，主动让路，不得带情绪上岗。

4. 在工作中要保持咖啡馆安静，不可大声喧哗，粗言乱语，哼歌曲或在外场内奔跑。

5. 对客服务时，不可与客人过于亲近地攀谈。

6. 除指定地点外，工作区内禁止吸烟，上班时间不得做与工作无关的事，如吃零食、化妆、看书刊等。

7. 无故不能擅自离岗、串岗，不得与其他吧员聊天而影响正常工作。

8. 不准偷吃、偷喝为客人准备的食物或饮品，严禁使用为宾客提供的一切服务设施。

9. 上班时间不得私自会客或为亲友提供咖啡馆对客优惠条件等。

10. 上班时间不得接、打私人电话，下班后或上班前半小时不得在咖啡馆营业区域游滞、闲逛。

11. 不得当着客人的面做打哈欠、喝水、剔牙、掏耳、抓头等不雅动作。

12. 同事之间精诚合作，不得互相扯皮，推卸责任，不得提供假情况，搬弄是非，诬陷他人。

13. 维护公司利益，保守机密，不得与进店顾客私自交往，要尊重顾客的风俗习惯和宗教信仰。

14. 要以主人翁的态度关心企业的经营管理，爱护咖啡馆的一切财产，反对铺张浪费，维护环境卫生，不得把有用的公物扔入垃圾桶。

15. 按模式运转，按程序实施，按规范操作，按标准落实。

（二）吧台考勤制度

1. 吧台工作人员上、下班，必须指纹打卡或由专人负责考勤。

2. 穿好工装，上班时接受当天工作安排后，方可进入吧台工作。

3. 因病、事不能上班，应提前一日办理书面请假条，经吧台长批准后方可有效，并将请假条送到店长进行登记。未请假或未经请假批准不来上班，一律按旷工处理。

4. 根据工作需要，需要延长工作时间，经领导（吧台长或店长）同意，可按加班或计时销假处理。

5. 婚假、产假、丧假按相关法律和公司员工手册的规定办理。

（三）吧台设备管理制度

1. 吧台所有设备、设施、用具按规范标准操作。

2. 遵守吧台设备的保养、维护规定，定期检查、维修；吧台工作人员禁止私自拆装设备。

3. 吧台内共用器具使用后放回规定的位置，不得擅自改变位置。

4. 要有专人保管吧台内特殊工具，借用时做记录，归还时要检查清楚。

5. 吧台用器具、设备以旧换新，必须办理相关手续。

6. 吧台一切用具不准私自带出，使用时轻拿轻放，避免人为损坏。

7. 使用人有责任对吧台内用具进行保养、维护；不按操作规程和规定操作造成设备工具损坏、丢失的，需照价赔偿。

8. 每月末填写吧台器具设备盘点表，交总吧台长审核后上交财务部门。

（四）吧台卫生管理制度

吧台卫生管理包括个人卫生管理、物品及设备卫生管理和食品卫生管理 3 个方面。

1. 吧台人员的制服要勤洗，保持清洁，无污渍，无褶皱。

2. 在吧台内，不得出现掏耳朵、挖鼻孔等不雅动作，制作饮品前一定要洗手。

3. 物品及设施设备要求表面平整、光亮，无异味，无损坏，无抹痕，摆放整齐有序。

4. 地面不能有积水，保持干净，尤其是卫生死角（机器、水槽下面，吧台小库房及操作间）每周进行彻底清洁。

5. 吧台人员对产品的生产日期和保质期做到心中有数，定期检查，最大限度降低物料的损耗和报废。

6. 做好餐具、杯具等器皿的消毒措施：

（1）所有的餐具、杯具等器皿洗刷后必须进行消毒；

（2）消毒程序严格执行“一洗、二刷、三冲、四消毒、五保洁”的制度；

（3）使用消毒液进行消毒时，按 1 ： 200 的比例进行。

（五）库房管理制度

1. 库房内各种原材料要分类存放，摆放有序，保持干燥、通风。

2. 库房中不准存放腐烂、变质原料及有毒有害物品。

3. 库房内原料要遵循“先进先出”的原则，杜绝过期产品及“三无”产品。

4. 库房内保持干燥整洁，通风条件良好，防鼠设施完善。

5. 做好防盗等安全工作。

6. 库房管理人员的工作由咖啡馆负责人监督执行，配送中心负责人也可根据工作需要要求库房管理人员进行相关工作协助以及物品的综合调配，咖啡馆负责人需支持配合此类工作进行。

7. 库房管理人员每月月底必须按照财务要求盘点库房。

（六）吧台轮班制度

1. 早班：9 ：30—16 ：30（半小时用餐时间）。

（1）整理仪容仪表，着工作装。

（2）打开所有设施设备，检查运作是否正常，若有异常要及时报修。

（3）查看交接本，完善交接事宜。

（4）清洁店内卫生，做好开店前的准备。

（5）查看物料表，核对吧台存货量，发现问题及时上报。

（6）准备当日所需物料，保证当日所需物料充足，制作小料、半成品饮品，完善吧台准备工作。

（7）严格执行出品标准，做到快速、卫生，微笑服务。

（8）空闲时间清洁吧台杯具，补充一次性物品，巡台、收台。

（9）与晚班交接，做下班前的清洁工作。

2. 晚班：16 ：00—22 ：00（半小时用餐时间）。

（1）整理仪容仪表，着工作装。

（2）与早班交接工作，检查当日所需物料是否充足，器具是否使用正常。

（3）检查早班的清洁工作是否完善，并督促配合完成。

（4）准备晚班所需小料、饮品，检查吧台库存，及时补货。

（5）严格执行出品标准，做到快速、卫生，微笑服务。

（6）空闲时间清洁吧台杯具，补充一次性物品，巡台、收台。

（7）配合外场，提高出品效率。

（8）填写当日销售表，做好记录工作。

（9）填写物料申购单，填写交接本。

（10）营业结束后，清洁台面，清洗杯具、器具，清理咖啡机及地面卫生，桌椅摆放整齐。

（11）离岗前，检查水电设备是否按要求关闭。

※ 任务实施

假如你是咖啡馆店长晓琳，试着阐述你将如何进行咖啡馆的服务与管理。

※ 巩固练习

1. 咖啡服务的注意事项有哪些？

2. 咖啡馆对客服务模式主要有哪几种？

3. 咖啡馆管理的规章制度主要有哪些？

※ 拓展知识

咖啡师

咖啡师是指熟悉咖啡文化、制作方法及技巧的专业制作咖啡的服务人员。约从1990年开始，意大利语采用“Barista”来称呼制作浓缩咖啡相关饮品的专家。

随着国民经济水平和消费水平的提高，咖啡师在我国已经成为一个综合能力要求较高的职业。除要会制作基本的咖啡饮品外，还要求会制作包括奶茶、果汁、混合饮料、鸡尾酒、西式面点、西式简餐等产品。

在面对的顾客多元化消费需求时，咖啡师更多的是处于一个餐饮专家的角色，通过现场产品的制作和语言的沟通，向顾客传达更符合现代健康饮食标准的消费观念。与此同时，在门店的经营管理方面，咖啡师作为产品的生产者，是与顾客直接沟通的第一人，在很多时候会作为门店经营决策中的重要参与者参与到门店的管理中去。在实际生活中，咖啡师在后期的发展方向中可逐步向店长、管理岗位延伸。而相对于众多小型咖啡经营实体，咖啡师更多的是代表经营者这一身份，如店主、馆主等。

···西点篇···

项目五　饼干类制作

项目六　蛋糕类制作

项目七　甜品类制作

项目八　面包类制作

饼干类制作

任务一 制作原味曲奇

※ 任务目标

1. 认识制作原味曲奇的材料与工具；
2. 掌握黄油打发技术、曲奇面糊调制技术、曲奇成型技术以及曲奇烘烤技术；
3. 培养学生手脑并用的能力；
4. 提升学生对面点制作的热爱及团队协作意识。

※ 导入情景

“六一”儿童节即将到来，西点店将组织一场“小小西点师”的亲子活动，爸爸妈妈将和孩子们一起协作完成原味曲奇饼干的制作，让孩子们在制作中体验劳动的快乐。

※ 知识准备

一、黄油

黄油又称为乳脂、白脱油，是将牛奶中的稀奶油和脱脂乳分离后，使稀奶油成熟并经搅拌而成，冷藏储存。黄油与奶油的最大区别在于成分，黄油的脂肪含量更高。优质黄油色泽浅黄，质地均匀、细腻，切面无水分渗出，具有特殊的芳香，是制作西点传统使用的油脂，在常温下呈浅黄色固体。黄油乳脂含量不低于 80%，水分含量不高于 16%，融化温度为 28 ~ 33 ℃，含有丰富的维生素 A、维生素 D 和矿物质，亲水性强，乳化性较好，营养价值高，特有的乳香味令制品更加可口。因为黄油具有可塑性强、起酥性好的特点，应用于西点制作中，可使面团可塑性增强，制品松酥性增加，组织松软滋润，延长制品的保质期。

二、低筋面粉

低筋面粉又称弱筋面粉，颜色较白，用手抓易成团，蛋白质和面筋含量低。其蛋白质含量为 7% ~ 9%，湿面筋值在 25% 以下。低筋面粉适合制作饼干、蛋糕、甜酥点心等。

※ 任务实施

本任务是制作香浓酥脆的原味曲奇。

一、材料与器具准备

器具：硅胶刮刀、不锈钢盆、电子秤、搅拌机、裱花袋、8 齿裱花嘴、剪刀、不粘烤盘、烤箱。

材料：如表 5-1-1 所示。

表 5-1-1　材料

材料	用量	材料	用量
中筋粉	800 g	冰水	大约 200 mL
白砂糖 a	180 g	起酥油	500 g
黄油	200 g	白砂糖 b	适量
鸡蛋	100 g	白芝麻	适量
盐	5 g	杏仁片 / 花生片	适量

二、实操步骤

原味曲奇制作实操步骤如表 5-1-2 所示。

表 5-1-2　原味曲奇制作实操步骤

操作步骤	图示
1. 用电子秤按量称取所有材料，分别放入不锈钢盆	
2. 黄油解冻软化	
3. 用硅胶刮刀将黄油和糖粉刮入搅拌机中打发	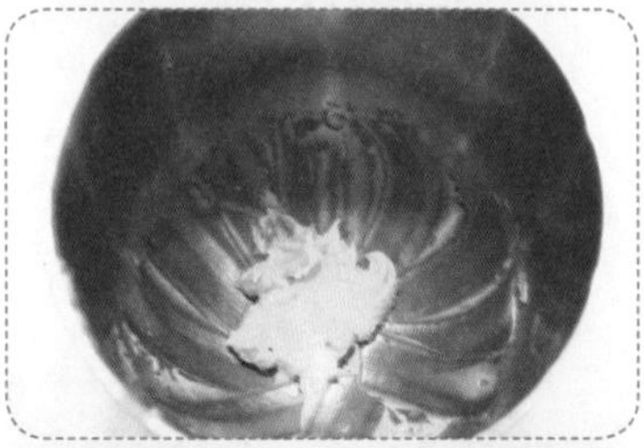
4. 少量多次加色拉油入搅拌机，拌匀	

续表

操作步骤	图示
5. 少量多次加牛奶入搅拌机，拌匀	
6. 加低筋面粉入搅拌机，拌匀	
7. 将 8 齿裱花嘴放入裱花袋中，并用剪刀把裱花袋剪一个口子	
8. 用硅胶刮刀将拌好的面团装入裱花袋中	
9. 在烤盘上挤出曲奇圈的形状	
10. 放入烤箱烘烤，温度：180 ℃ / 180 ℃，烘烤 25 min 至表面金黄即可	 

三、操作要点

（一）黄油解冻

黄油常温解冻即可，切勿放到微波炉或电磁炉里加热解冻。

（二）黄油和糖粉打发

黄油和糖粉打发到体积蓬松，颜色变浅，搅拌网周边的黄油呈羽毛状。打发时间越久，烘烤出的饼干口感越酥，但也不可打发太久，太酥会导致烤好后取出时饼干碎掉。

（三）烘烤

烤箱务必提前预热至烘烤温度。入烤箱烘烤时，时间只作为参考，主要看饼干的颜色，烤至表面金黄即可。

※ 检测评价

表 5-1-3 原味曲奇制作考核评价表

考核内容	考核要点	完成情况				评定等级		
		优	良	差	改进方法	优	良	差
仪容仪表	①头发干净、整齐，发型美观大方，女士盘发，男士不留胡须及长鬓角							
	②手及指甲干净，指甲修剪整齐、不涂指甲油							
	③着装符合岗位要求，整齐干净，不得佩戴过于醒目的饰物							
器具准备	①器具准备完善、干净							
	②操作台摆放有序，物品方便拿取							
称取材料	正确称取材料							
制作过程	①黄油软化到用软刮刀可以轻松按压开							
	②黄油和糖粉打发到体积蓬松，颜色变浅，搅拌网周边的黄油呈羽毛状							
	③面粉加入后完全拌匀							
	④挤出的曲奇饼干形状饱满，纹路清晰，力道均匀							
	⑤烘烤出的曲奇颜色呈表面金黄色							
西点服务	①西点配备物品齐全							
	②合理使用服务用语，语气亲切、恰当							
工作区域清洁	①器具清洁干净、摆放整齐							
	②恢复操作台台面，干净、无水迹							
口味评价	香甜酥脆							

※ 巩固练习

1. 制作原味曲奇的操作步骤有哪些？
2. 制作原味曲奇时，应如何打发黄油？
3. 黄油和低筋面粉的特点是什么？

※ 拓展知识

曲奇的由来

曲奇饼干在美国与加拿大被解释为“细小而扁平的蛋糕式饼干”。它的名字来源于德文“koekje”，意为“细小的蛋糕”。这个词在英式英语主要用作分辨美式饼干，如朱古力饼干。第一次制作的曲奇由数片细小的蛋糕组合而成，据考证，是由伊朗人发明的。

任务二 制作酥皮泡芙

※ 任务目标

1. 掌握烫面技术、泡芙面糊调制技术、泡芙酥皮制作技术、泡芙成型技术以及泡芙烘烤技术；
2. 培养学生手脑并用的能力；
3. 培养学生精益求精的工匠精神。

※ 导入情景

酒店将举办一场婚礼，需要制作一款甜点，西点师选择制作代表吉庆、友好、和平的泡芙。一个个泡芙堆积成塔，高耸的泡芙是人们对满满幸福的憧憬。

※ 知识准备

一、泡芙制作原理

泡芙面团起发是由面团中各种原料的性质和特殊的工艺方法决定的。泡芙面团的基本用料是面粉、黄油、盐和液体原料。当液体原料与黄油、盐煮沸面粉时，面粉中的淀粉吸水膨胀、糊化、蛋白质变性，形成柔软、无筋力、韧性差的面团。但面团晾至手温后，不断搅打加入的鸡蛋，使面团充入大量气体。面团成熟时，面团中的蛋白质、淀粉凝固，逐渐形成泡芙制品的“外壳”，而内部随着温度的升高，气体随之膨胀，并逐渐充满正在起发的面团内，使制品膨大，同时又由于此面团属于无筋性面团，因此，成熟的制品具有中空、外酥脆的特点。

二、高筋面粉

高筋面粉指蛋白质含量平均为13.5%左右的面粉，通常蛋白质含量在11.5%以上可称为高筋面粉。高筋面粉颜色较深，本身较有活性且光滑，手抓不易成团状。因蛋白质含量高，所以筋度强，常用来制作具有弹性和嚼感的面包、面条等。

三、鸡蛋

鸡蛋是西点生产中使用的主要原料，用于各种西点制作。鸡蛋具有起泡性，即蛋白形成膨松稳定的泡沫性质，在搅打时与拌入的空气形成泡沫，增加产品的膨胀力和体积；鸡蛋具有凝固性，蛋品中含有丰富的蛋白质，蛋白质受热凝固，能使蛋液黏结成团，成熟时不会分离，保持产品的形状完整；鸡蛋具有乳化性，由于蛋黄中含有丰富的卵磷脂和其他油脂，而卵磷脂是一种非常有效的乳化剂，蛋黄在冰淇淋、蛋糕、奶油中起乳化作用。

鸡蛋在西点中的作用有两个：一是提高制品的营养价值；二是改善制品的色泽，保持柔软性。

※ 任务实施

本任务是制作一份酥皮泡芙。

一、材料与器具准备

器具：不锈钢盆、电子秤、硅胶刮刀、面筛、不粘奶锅、手动蛋抽、电磁炉、不粘烤盘、裱花袋、剪刀、烤箱。

材料：如表 5-2-1 所示。

表 5-2-1　材料

部分	材料	用量	部分	材料	用量
泡芙体	水	110 mL	酥皮	糖粉	45 g
	色拉油	55 g		黄油	55 g
	高筋面粉	80 g		低筋面粉	120 g
	鸡蛋	150 g		盐	3 g

二、实操步骤

酥皮泡芙制作实操步骤如表 5-2-2 所示。

表 5-2-2　酥皮泡芙制作实操步骤

操作步骤		图示
酥皮	1. 用电子秤按量称取所有材料，分别放入不锈钢盆	

续表

操作步骤		图示
酥皮	2. 所有原材料放在一起揉成团，用保鲜膜包住，擀成 3 mm 厚的薄片，冷藏 10 ~ 20 min 后取出，用圆形模具刻成大小等同的圆备用	
泡芙体	1. 用电子秤按量称取所有材料	
	2. 将水和色拉油放入不粘奶锅内，并用电磁炉将其烧开，用手动蛋抽不停搅拌	
	3. 烫面：迅速将高筋面粉倒入不粘奶锅内，不停搅拌，锅底起一层薄膜后迅速离开电磁炉	
	4. 冷却至 40 ℃左右，少量多次加入鸡蛋搅拌均匀	
酥皮泡芙制作	1. 用剪刀将裱花袋剪一个小口	

续表

操作步骤		图示
酥皮泡芙制作	2. 用硅胶刮刀把制作好的泡芙体装入裱花袋	
	3. 在不粘烤盘上挤出大小相同的圆，盖上酥皮	
	4. 放入烤箱进行烘烤，温度：200 ℃/210 ℃，烘烤 20 ~ 25 min 至表面金黄即可	

三、操作要点

（一）烫面

烫面是为了将面粉中的淀粉通过高温彻底糊化，让做出来的泡芙呈现更好的膨胀效果。

（二）加入鸡蛋

加入鸡蛋时，一定少量多次加入，每加一次鸡蛋要搅拌 2 min 左右，再加下一次鸡蛋，因面粉品牌不同，吸水性也不同，鸡蛋不一定加完。在搅拌过程中，搅拌到提起蛋抽隔 3 ~ 5 s 面糊才滴落，挂在蛋抽上的面糊大概 3 根手指宽即可。

（三）酥皮刻模

用圆形模具刻模时，刻出来的圆要和挤出的泡芙差不多大。

（四）烘烤

烤箱务必提前预热至烘烤温度。入烤箱烘烤时，时间只作为参考，主要看酥皮的颜色，烤至表面金黄即可。

（五）夹馅

泡芙冷却后，根据需求可夹馅。夹馅通常用打发好的淡奶油，打发淡奶油时记得加入细砂糖。通常奶油和细砂糖的比例为 10 ： 1，若不想吃太甜，可用 20 ： 1 的比例。

※ 检测评价

表 5-2-3　酥皮泡芙制作考核评价表

考核内容	考核要点	完成情况				评定等级		
		优	良	差	改进方法	优	良	差
仪容仪表	①头发干净、整齐，发型美观大方，女士盘发，男士不留胡须及长鬓角							
	②手及指甲干净，指甲修剪整齐、不涂指甲油							
	③着装符合岗位要求，整齐干净，不得佩戴过于醒目的饰物							
器具准备	①器具准备完善、干净							
	②操作台摆放有序，物品方便拿取							
称取材料	正确称取材料							
制作过程	①烫面是否到位							
	②面团冷却后的温度，严格控制在 40 ℃左右							
	③少量多次加入鸡蛋并不断搅拌至提起蛋抽，隔 3 ~ 5s 滴落，挂在蛋抽上的面糊大概 3 根手指宽							
	④制作酥皮时，酥皮混合均匀							
质量标准	①色泽：金黄一致							
	②形态：端正，大小一致，不歪斜；内部组织无面筋网络，无生心，无杂质							
	③口味：松香							
	④口感：酥软细腻							
西点服务	①西点配备物品齐全							
	②合理使用服务用语，语气亲切、恰当							
工作区域清洁	①器具清洁干净、摆放整齐							
	②恢复操作台台面，干净、无水迹							

※ 巩固练习

1. 简述泡芙的制作原理。
2. 简述泡芙的制作程序。
3. 泡芙的质量标准有哪些?

※ 拓展知识

泡芙的故事

泡芙是一种源自意大利的甜食。蓬松张空的奶油面皮中包裹着奶油、巧克力，甚至冰淇淋。泡芙的诞生，在技术上被人们认为是偶然无意中发现的。据说，从前奥地利的哈布斯王朝和法国的波旁王朝，长期争夺欧洲主导权已经战得精疲力竭，后来为避免邻国渔翁得利，双方达成政治联姻的协议。于是，奥地利公主与法国皇太子就在凡尔赛宫内举行婚宴，泡芙就是这场两国盛宴的压轴。

泡芙作为吉庆、友好、和平的象征，人们在各种喜庆的场合中，都习惯将它堆成塔状（也称泡芙塔），在甜蜜中寻求浪漫，在欢乐中分享幸福。后来，它流传到英国，成为所有上层贵族在下午茶和晚茶中最缺不了的点心。

任务三　制作蛋黄酥

※ 任务目标

1. 认识制作蛋黄酥的材料和工具；
2. 掌握蛋黄酥油皮、油酥和馅的制作方法；
3. 培养学生的主体参与意识和团队合作能力。

※ 导入情景

宏申公司是一家台资企业，公司里有大陆员工，也有台湾员工，中秋节来临之际，公司决定定制一批台式月饼——蛋黄酥，让员工们一起庆祝中国的传统节日。

※ 知识准备

一、中筋面粉

中筋面粉指普通面粉，颜色乳白，介于高、低面粉之间，其蛋白质的含量在11%左右，体质半松散。中筋面粉适合制作中式面点，如包子、馒头、面条等。（注：一般市售的无特别说明的面粉，都可以视作中筋面粉使用。这类面粉包装上一般都会标明，适合用来做包子、饺子、馒头、面条）

二、白砂糖

白砂糖简称砂糖，从甘蔗或甜菜中提取糖汁，经过滤、沉淀、蒸发、结晶、脱色和干燥等工艺制成，为白色粒状晶体，纯度高，蔗糖含量在 99% 以上。按其晶粒大小又分为粗砂、中砂、细砂。如果制作海绵蛋糕或戚风蛋糕，最好用白砂糖，以颗粒细密为佳。因为颗粒大的糖往往由于糖的使用量较多或搅拌时间短而不能溶解。

※ 任务实施

本任务是制作一份蛋黄酥。

一、材料与器具准备

器具：不锈钢盆、电子秤、面筛、擀面杖、不粘烤盘、保鲜膜、烤箱。

材料：如表 5-3-1 所示。

表 5-3-1 材料

部分	材料	用量	部分	材料	用量
油皮	中筋面粉	120 g	油心	低筋面粉	180 g
	低筋面粉	120 g		猪油	90 g
	猪油	70 g	馅	豆沙 + 鸭蛋黄	30 g/ 个
	白砂糖	25 g			
	盐	2 g	其他材料	黑芝麻	适量
	水	110 mL		高度酒	适量

二、实操步骤

蛋黄酥制作实操步骤如表 5-3-2 所示。

表 5-3-2 蛋黄酥制作实操步骤

操作步骤		图示
称量	1. 用电子秤按量称取所有材料，放入不锈钢盆中	
蛋黄	2. 将鸭蛋平铺在烤盘上，表面喷高度酒，温度：150 ℃ /150 ℃，烘烤 8 min，冒油珠即可，放凉待用	

续表

操作步骤		图示
油皮	3. 将所有材料揉成光滑的面团，松弛 20 min，分成 22 ~ 25 g/ 个的小剂子	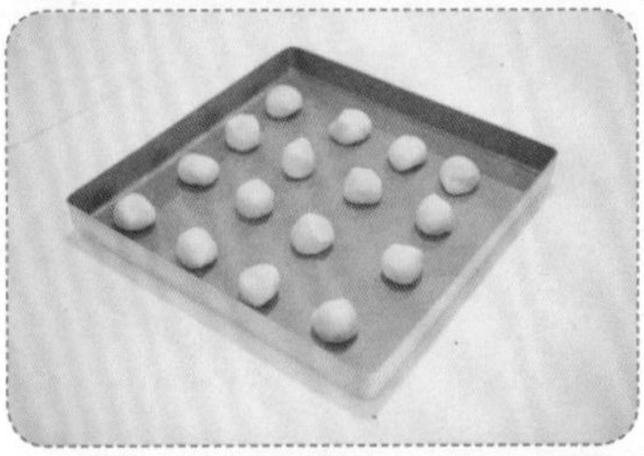
油心	4. 将所有原材料混在一起，揉匀，分成 12 g ~ 15 g/ 个的剂子	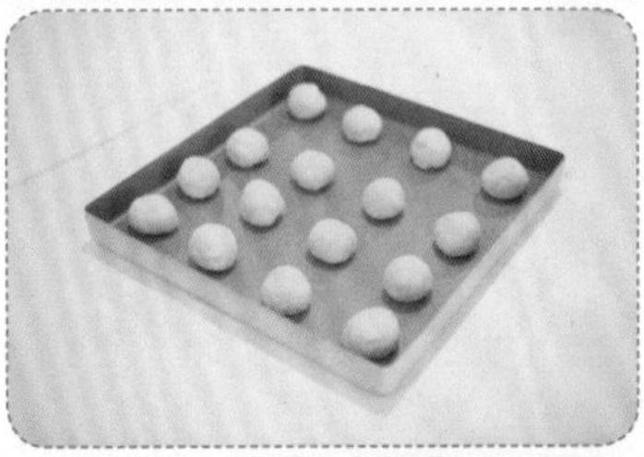
蛋黄酥制作	5. 油皮包住油心，压扁，用擀面杖擀成长舌状，卷起，盖保鲜膜（防止表面风干），松弛 20 min，擀开再卷起，再松弛 20 min	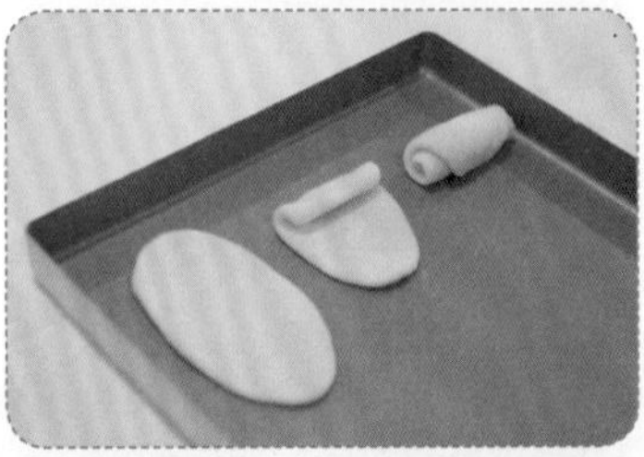
	6. 取一个松弛好的面团，两头往中间折	
	7. 将对折的面团压扁，擀成圆	
	8. 用擀面杖擀圆的面皮包住馅，收口朝下	

续表

操作步骤		图示
蛋黄酥的制作	9. 放入烤盘，表面刷 2 次蛋液	
	10. 在刷好蛋液的面团上，撒 3 ~ 5 粒黑芝麻	
烘烤	11. 放入烤箱烘烤，温度：200 ℃ / 180 ℃，烘烤 25 ~ 30 min 至表面金黄即可	

三、操作要点

（一）蛋黄处理

制作蛋黄酥的蛋黄一定要用鸭蛋黄。若用生鸭蛋，一定要将蛋黄清洗干净。无论是生鸭蛋还是直接购买现成的蛋黄，都需要提前泡油 8 h 左右，油的用量刚好没过蛋黄即可。蛋黄喷洒高度酒，以去除蛋黄的腥味。

（二）油皮包油心

用油皮包住油心时，一定要包好，不要让皮破裂，将油心裸露在外面。擀好卷起后，一定要盖保鲜膜松弛，目的是防止油皮表面被风干。

（三）包馅

包馅时，务必用面皮完全包裹住蛋黄，且收口一定朝下，防止烤好后成品开裂。

（四）刷蛋液

蛋液搅拌均匀后务必过筛1～2次，刷完第一次蛋液后，需等待蛋液稍微风干再刷第二次。

（五）烘烤

烤箱务必提前预热至烘烤温度。入烤箱烘烤时，时间只作为参考，主要看酥皮的颜色，烤至表面金黄即可。

※ 检测评价

表5-3-3 蛋黄酥制作考核评价表

考核内容	考核要点	完成情况				评定等级		
		优	良	差	改进方法	优	良	差
仪容仪表	①头发干净、整齐，发型美观大方，女士盘发，男士不留胡须及长鬓角							
	②手及指甲干净，指甲修剪整齐、不涂指甲油							
	③着装符合岗位要求，整齐干净，不得佩戴过于醒目的饰物							
器具准备	①器具准备完善、干净							
	②操作台摆放有序，物品方便拿取							
称取材料	正确称取材料							
制作过程	①蛋黄泡油8h，烤好后表面冒油珠且没有腥味							
	②油皮、油心分别混合均匀，油皮面团表面光滑							
	③用油皮包住油心，油心没有裸露出来，松弛时盖保鲜膜，严格控制松弛时间，每次松弛20min							
	④用皮包住馅时，馅没有裸露出来，且收口朝下							
	⑤每个蛋黄酥撒3～5粒黑芝麻，黑芝麻撒到蛋黄酥正上方中心点的位置							
质量标准	①色泽：金黄一致							
	②形态：外形整齐、底部平整、无变形							
	③组织：无不规则大空洞、无糖粒、无粉块，带馅类饼皮厚薄均匀，皮馅比例适当，馅料分布均匀							
	④口感：味纯正，无异味，口感香酥，咸甜适中							
西点服务	①西点配备物品齐全							
	②合理使用服务用语，语气亲切、恰当							

续表

考核内容	考核要点	完成情况				评定等级		
		优	良	差	改进方法	优	良	差
工作区域清洁	①器具清洁干净、摆放整齐							
	②恢复操作台台面，干净、无水迹							

※ 巩固练习

1. 蛋黄酥所需要的材料有哪些？
2. 处理蛋黄时，需注意的要点是什么？
3. 蛋黄酥的质量标准有哪些？

※ 拓展知识

酥皮和蛋黄酥

蛋黄酥的历史要从酥皮开始讲起，土耳其有种名叫“SuBrei”的古老点心，可能就是汉语“酥皮”的音译。这种点心，基本指向酥皮最早的发源地——中亚。

公元7世纪，在阿拔斯王朝时期，酥皮就已初具雏形。在占据中东、北非和西亚大部后，公元751年，阿拉伯人在怛罗斯战役中战胜强大的唐帝国，因此获得了一定面积的耕地，也打通了通往南亚次大陆——印度的大门。从此，原产自中亚的小麦粉，遇上了黄油、糖浆、坚果、奶酪、肉桂等辅材和香料，沙特的椰枣酥、伊朗的波斯酥、摩洛哥的三角酥、希腊的妃乐酥，都在那个时期诞生。

公元13世纪，奥斯曼帝国继承了阿拉伯世界的衣钵，并开始对基督教世界的东欧、南欧进行入侵，酥皮也被带到了这些地方。再之后，欧洲崛起，大航海的殖民浪潮来临，酥皮被欧洲人带到了全世界。美洲人在英式派皮的基础上，发展出了代表美国派，日本人在法式黄油杏仁酥的基础上，发展出了日式洋果子。而酥点传到了中国的澳门、香港、台湾等地后则发展出了蛋挞酥、萝卜酥、叉烧酥、皮蛋酥、凤梨酥、蛋黄酥。无一例外，它们融合了中国传统食材的精华。

中国人制作咸蛋的历史已逾千年。最早在南北朝，就有江南人以盐水浸鸭蛋以保存的记载。北宋时，江苏高邮人秦观以家乡的咸鸭蛋馈赠师友。这是中国饮食谱系中少有的腌制食物。清朝的袁枚，更是在他的《随园食单》里，记录了官场应酬的宴席中，以切开的咸鸭蛋当成小菜飨客的模样。1949年，大量江南人来到了台湾，在制作咸鸭蛋以解乡愁时，也融合了早就来到这里的酥皮，创制出了中式点心的代表作——蛋黄酥。

任务四　制作千层酥

※ 任务目标

1. 熟悉千层酥的用料构成及要求；
2. 掌握千层酥的制作方法、温度和时间控制要点；
3. 能独立进行千层酥制作；
4. 培养学生精益求精的工匠精神。

※ 导入情景

学徒李明今天很早就来到店里，进店后发现师父到得更早，已经拿着一根通心锤在擀面皮，正在制作千层酥。师父告诉李明，面团变千层酥的道路是漫长的，不仅压的力度要掌握好，更要给它足够的时间去松筋，这样才能制作出层层叠叠的效果。

※ 知识准备

一、起酥类点心

起酥类点心又称清酥制品，是用水、油或蛋和面团包入起酥油或黄油擀片，经过反复擀制折叠等过程，形成层层交替排列的多层结构。其成品体轻、层次清晰、入口香酥脆，如千层酥、蝴蝶酥、丹麦酥、起司条等。

二、包油

酥皮制作方法大致分为法式包油法、英式包油法等。

一般来说，用来包油的起酥油或黄油呈片状。包油时，将片状油经过松弛后擀成长方形面片的一半，随后将片状油放在已擀好的面皮上，然后将边上的面皮盖在油脂上，油边捏紧即可擀开。

※ 任务实施

本任务是制作千层酥。

一、材料与器具准备

器具：不锈钢盆、电子秤、通心锤、烘焙滚针、和面机、面筛、40 mm × 60 mm 不粘烤盘、保鲜膜、冰箱、烤箱。

材料：如表 5-4-1 所示。

表 5-4-1　材料

材料	用量	材料	用量
中筋面粉	800 g	冰水	大约 200 mL

续表

材料	用量	材料	用量
白砂糖 a	180 g	起酥油	500 g
黄油	200 g	白砂糖 b	适量
鸡蛋	100 g	白芝麻	适量
盐	5 g	杏仁片 / 花生片	适量

二、实操步骤

千层酥制作实操步骤如表 5-4-2 所示。

表 5-4-2　千层酥制作实操步骤

操作步骤		图示
称量	1. 用电子秤按量称取所有材料	
和面	2. 将中筋面粉、白砂糖 a、黄油、鸡蛋、盐放入和面机中，慢速拌匀	
	3. 缓慢加入适量水，打发至抱团	
	4. 改高速，打发至扩展状态	

续表

操作步骤		图示
和面	5.打好的面团光滑，包保鲜膜，放入冷藏室中松弛 20 min	
开酥	6.将松弛好的面团从冰箱中取出，擀成长方形薄片	
	7.将起酥油擀至长方形面片一半的大小，放在擀好的面皮一侧	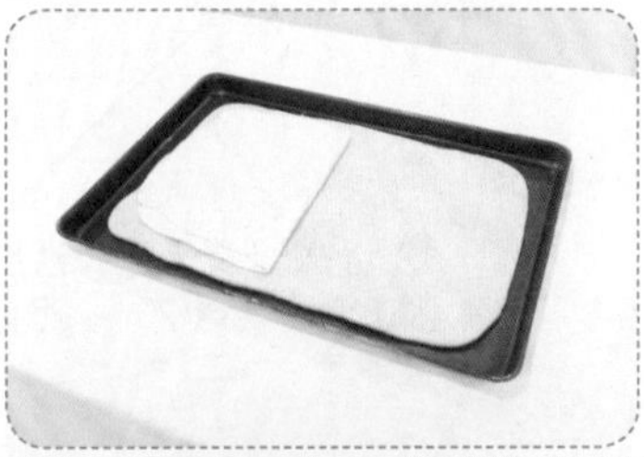
	8.用面片的另一半盖过来包住起酥油，排气，包保鲜膜，冷藏松弛 20 min	
	9.取出松弛好的面片，擀成 5 mm 厚的长方形薄片	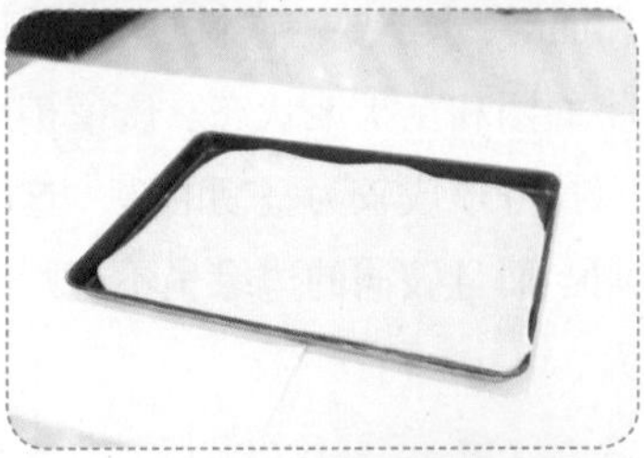
	10.将擀好的长方形薄片三折，包保鲜膜，冷藏松弛 20 min 后取出，再擀成 5 mm 厚的薄片，再三折，再冷藏，再松弛，如此重复 3 次	

续表

操作步骤		图示
开酥	11. 取出松弛好的面片，擀成 3 mm 厚左右、与烤盘同等大小的长方形，放入烤盘中，用烘焙滚针打孔，烤盘表面包保鲜膜，冷藏松弛 20 min	
	12. 将松弛好的面片从烤盘中取出，用刀切成大小等同的长方形小块，表面刷过筛后的蛋液，撒白砂糖 b，撒芝麻、撒杏仁片或花生片，放入烤盘中	
烘烤	13. 放入烤箱烘烤，温度：200 ℃ / 200 ℃，烘烤 20 ~ 25 min 至表面金黄即可	

三、操作要点

（一）和面

1. 和面时，水不要一次性加完，缓慢倒入，根据不同品牌面粉的不同吸水性添加适合的水量。

2. 将面团和至扩展状态。所谓扩展阶段，就是面筋已经扩展到一定程度，面团表面较为光滑，可以拉开形成较为坚韧的膜。这时，用手慢慢将面团抻开，可以抻得比较薄，但比较容易出现破洞，而且破洞的边缘呈不规则的锯齿状。这个状态就是常说的扩展阶段，有时也称“出膜阶段”。

（二）开酥

开酥时，可以用小盆装取一些面粉，少量撒在操作台及面皮上，防止开酥时发生粘黏。擀制面皮时，双手用力要均匀，注意力道控制，不要将面皮擀破，导致里面的起酥油露出来。夏天开酥要开空调制冷，一定放入冰箱松弛。每次开酥后，松弛时间要严格按照要求，否则不容易擀开，面皮也容易破裂。

（三）刷蛋液

刷蛋液时，注意侧面的切口处不要刷，以免烘焙时粘在一起，影响美观。

（四）烘烤

面皮装盘后，一定要先松弛再进行烘烤，不然面坯易收缩变形。烤箱务必提前预热至烘烤温度。入烤箱烘烤时，时间只作为参考，主要看酥皮的颜色，烤至表面金黄即可，要随时观察上色状态。

※ 检测评价

表 5-4-3　千层酥制作考核评价表

考核内容	考核要点	完成情况				评定等级		
		优	良	差	改进方法	优	良	差
仪容仪表	①头发干净、整齐，发型美观大方，女士盘发，男士不留胡须及长鬓角							
	②手及指甲干净，指甲修剪整齐、不涂指甲油							
	③着装符合岗位要求，整齐干净，不得佩戴过于醒目的饰物							
器具准备	①器具准备完善、干净							
	②操作台摆放有序，物品方便拿取							
称取材料	正确称取材料							
制作过程	①和面时，水的加入要根据面粉的吸水性来控制量，面团干稀适中							
	②面团和至扩展状态							
	③包油时面皮四周按压紧，油不外露，排气到位							
	④开酥擀制成长方形，擀得方正，开酥力度均匀，面片厚薄一致							
	⑤开酥后，严格按照松弛时间 20 min 松弛							
	⑥切块大小一致							
	⑦刷蛋液分布均匀，不能刷到切口处							
质量标准	①色泽：表面呈金黄色，内部呈浅黄色，色泽均匀一致							
	②形态：外形整齐，层次清晰，厚薄一致							
	③组织：组织酥松均匀，内无生心，不出油							
	④口感：香甜酥脆							
西点服务	①西点配备物品齐全							
	②合理使用服务用语，语气亲切、恰当							
工作区域清洁	①器具清洁干净、摆放整齐							
	②恢复操作台台面，干净、无水迹							

※ 巩固练习

1. 起酥类点心的概念是什么？
2. 千层酥的包油方法有什么特点？
3. 刷蛋液刷到面坯侧面会造成什么后果？

※ 拓展知识

制作蛋挞

材料如表 5-4-4 所示。

表 5-4-4　材料

部分	材料	用量	部分	材料	用量
起酥部分	中筋面粉	600 g	起酥部分	起酥油	400 g
	白砂糖	100 g			
	鸡蛋	100 g	馅	鸡蛋	3 个
	盐	3 g		蛋黄	3 个
	冰水	大约 200 mL		牛奶	275 g
	酵母	4 g		白砂糖	160 g
	黄油	100 g		淡奶油	500 g

操作步骤如下：

1. 酥皮做法：

①开酥步骤与千层酥相同。

②将面片擀至 3 mm 厚后，修成长方形，表面刷一层水，再卷成条状（整条），用保鲜膜封住，冷冻 3 h 以上。

③切成大小相同的剂子（大小等同的卷），平铺在模具里，放冷冻 20 min 备用。

2. 馅做法：

①将全蛋和蛋黄搅拌均匀。

②将牛奶和糖拌匀。

③将牛奶加入鸡蛋拌匀。

④将淡奶油加入，过筛 1 ~ 2 次，倒入模具，至 7 ~ 8 分满，入烤箱烘烤，温度：200 ℃ /200 ℃，烘烤 25 min。

蛋糕类制作

任务一 制作戚风蛋糕

※ 任务目标

1. 掌握戚风蛋糕的用料比例；
2. 完成戚风蛋糕的面糊制作技术，掌握蛋白打发技术；
3. 掌握戚风蛋糕的制作工艺；
4. 培养学生明白一粥一饭来之不易，懂得珍惜粮食。

※ 导入情景

周末到了，鹏鹏想去公园玩耍，妈妈正在准备外出的休闲美食。可是鹏鹏特别想带自己最喜欢的戚风蛋糕与其他小朋友分享，于是开始和妈妈一起动手制作，美味的戚风蛋糕终于做好了。鹏鹏对妈妈说，他一定会和小朋友一起吃完，不浪费，妈妈欣慰地笑了。

※ 知识准备

一、戚风蛋糕制作原理

制作戚风蛋糕时，要采用分蛋法，将蛋白和蛋黄分别搅拌成蛋白泡沫糊和蛋黄面糊，再混合成戚风蛋糕糊。戚风蛋糕含有足量的水和油，因此质地非常湿润。而蛋白泡沫赋予戚风蛋糕充足的膨胀性和柔韧性。通过蛋白泡沫糊和蛋黄面糊的混合，改善蛋糕的组织和颗粒状态，让蛋糕质地非常松软，柔韧性好。

二、蛋白打发

戚风蛋糕以蛋白作为基本膨大的原料，蛋白的打发程度对产品组织、体积和口感有很大的影响。蛋白发泡过程根据打发速度和时间长短可以分为粗泡期、湿性发泡期、中性发泡期、干性发泡期、棉花期 5 个阶段。

（一）粗泡期

蛋白用球形搅拌网快速打发后呈泡沫液体状态，表面有许多不规则的大气泡。

（二）湿性发泡期

蛋白渐渐凝固起来，表面不规则的小气泡消失，变为均匀的细小气泡，洁白而有光泽，以搅拌网勾起呈细长尖峰，且峰尖呈弯曲状，故又称鸡尾状或软尖峰状。

（三）中性发泡期

提起搅拌网，搅拌网勾起的蛋白呈小弯钩状。

（四）干性发泡期

蛋白泡沫逐渐变得无法看出气泡组织，颜色洁白但无光泽，以搅拌网勾起呈坚硬尖峰状，尖峰不弯曲或仅有微微的弯曲。

（五）棉花期

蛋白泡沫变成一块块球状凝固体，泡沫总体积已缩小，以搅拌网勾起泡沫无法形成尖峰状，形态似棉花，称为棉花期。此时表示蛋白搅拌过度，无法用于蛋糕制作。

三、蛋糕原材料的选用原则

（一）鸡蛋

最好选用冷藏过的鸡蛋，其次为新鲜鸡蛋，不能选用陈鸡蛋。这是因为冷藏后鸡蛋的蛋白和蛋黄更容易分开。蛋白最适合起泡的温度为 17 ~ 22 ℃，在这个温度下打发出来的泡沫体积最大且最稳定。

（二）面粉

戚风蛋糕一般使用低筋面粉。

（三）糖

宜选用细砂糖或糖粉，因为其在蛋黄糊和蛋白中更容易溶化。

（四）油脂

制作戚风蛋糕时宜选用流质油，如玉米油、葵花油等。因为油脂是在蛋黄与糖搅打均匀后才添加的，若使用固体油脂就不容易搅打均匀，会影响蛋糕的质量。

※ 任务实施

本任务是制作出香软可口的戚风蛋糕。

一、材料与器具准备

器具：硅胶刮刀、手动打蛋器、不锈钢盆、电子秤、搅拌机、烤箱、6 寸蛋糕模具。

材料：如表 6-1-1 所示。

表 6-1-1　材料

部分	材料	用量	部分	材料	用量
A 部分	蛋黄	3 个	A 部分	玉米淀粉	12 g
	牛奶 / 水	36 mL			
	玉米油	36 g	B 部分	蛋白	3 个
	细砂糖	18 g		细砂糖	27 g
	低筋面粉	54 g		柠檬汁	2 ~ 3 滴

二、实操步骤

戚风蛋糕制作实操步骤如表 6-1-2 所示。

表 6-1-2 戚风蛋糕制作实操步骤

操作步骤		图示
A 部分	1. 将蛋黄和糖用手动打蛋器搅拌均匀	
	2. 加入色拉油搅拌均匀	
	3. 加入牛奶 / 水搅拌均匀	
	4. 加入低筋面粉和玉米淀粉，用 Z 字拌匀法搅拌均匀	
B 部分	5. 滴入几滴柠檬汁，将糖分 3 次加入蛋白中，用搅拌机打发至中性发泡	
A+B	6. 取 B 部分 1/3 的蛋白入 A 部分中先切拌，后翻拌均匀	

续表

操作步骤		图示
A+B	7. 将翻拌好的 A 部分面糊全部倒入装有 B 部分的蛋白中翻拌均匀	
	8. 用硅胶刮刀将拌好的面糊装入 6 寸蛋糕模具中	
烘烤	9. 轻震两下放入烤箱烘烤，温度：180 ℃ /170 ℃，烘烤 30 min	
脱模	10. 出炉后，轻震两下，倒扣放凉后脱模	

三、操作要点

（一）A部分

A 部分操作时，每一步搅拌均匀后再进行下一个步骤，加入粉料部分后用 Z 字拌匀法搅拌，不要用力过猛、时间过长，以防蛋糕糊“起筋”，影响成品松软度。

（二）B部分

打发蛋白的搅拌缸里一定不能有水和油，也不能有蛋黄，会让蛋白打发不成功。打发到粗泡期加入第一次糖，小气泡时加入第二次糖，湿性发泡期时加入第三次糖。

（三）翻拌

A 部分 +B 部分翻拌时，动作要轻而迅速，否则会导致蛋白消泡。

（四）烘烤

烤箱务必提前预热至烘烤温度。入烤箱烘烤时，时间只作为参考。烘烤戚风蛋糕时，应摆放在烤箱中央的位置烘烤，否则制品受热不均，影响成品质量。

※ 检测评价

表 6-1-3　戚风蛋糕制作考核评价表

考核内容	考核要点	完成情况				评定等级		
		优	良	差	改进方法	优	良	差
仪容仪表	①头发干净、整齐，发型美观大方，女士盘发，男士不留胡须及长鬓角							
	②手及指甲干净，指甲修剪整齐、不涂指甲油							
	③着装符合岗位要求，整齐干净，不得佩戴过于醒目的饰物							
器具准备	①器具准备完善、干净							
	②操作台摆放有序，物品方便拿取							
称取材料	正确称取材料							
制作过程	① A 部分面糊搅拌均匀，混合粉料部分时用 Z 字拌匀法							
	②蛋白打发到中性发泡状态							
	③ A 部分 +B 部分翻拌均匀							
	④倒入模具至八分满							
	⑤烘烤时间控制得当，不能出现没烤熟或烘烤过度的情况							
质量标准	①外观：均匀、有光泽							
	②色泽：淡黄色							
	③组织：内部组织均匀细腻，无颗粒							
	④口感：香甜松软							
西点服务	①西点配备物品齐全							
	②合理使用服务用语，语气亲切、恰当							
工作区域清洁	①器具清洁干净、摆放整齐							
	②恢复操作台台面，干净、无水迹							

※ 巩固练习

1. 戚风蛋糕的制作原理是什么？
2. 蛋白打发分为哪 5 个阶段？
3. 烘烤戚风蛋糕时，需要注意哪些细节要领？

※ 拓展知识

4 ~ 14 寸蛋糕圆模换算表

	4寸	5寸	6寸	7寸	8寸	9寸	10寸	11寸	12寸	13寸	14寸
4 寸的配比量	1.00	1.56	2.25	3.06	4.00	5.06	6.25	7.56	9.00	10.56	12.25
5 寸的配比量	0.64	1.00	1.44	1.96	2.56	3.24	4.00	4.84	5.76	6.76	7.84
6 寸的配比量	0.44	0.69	1.00	1.36	1.78	2.25	2.78	3.36	4.00	4.69	5.44
7 寸的配比量	0.33	0.51	0.74	1.00	1.31	1.63	2.04	2.50	2.94	3.45	4.00
8 寸的配比量	0.25	0.39	0.56	0.77	1.00	1.27	1.56	1.89	2.25	2.64	3.06
9 寸的配比量	0.20	0.31	0.44	0.60	0.79	1.00	1.24	1.49	1.78	2.09	2.42
10 寸的配比量	0.16	0.25	0.36	0.49	0.64	0.81	1.00	1.21	1.44	1.69	1.96
11 寸的配比量	0.13	0.21	0.30	0.41	0.53	0.67	0.83	1.00	1.19	1.40	1.62
12 寸的配比量	0.11	0.17	0.25	0.34	0.44	0.56	0.69	0.84	1.00	1.17	1.36
13 寸的配比量	0.09	0.15	0.21	0.29	0.38	0.48	0.59	0.72	0.85	1.00	1.16
14 寸的配比量	0.08	0.13	0.18	0.25	0.33	0.41	0.51	0.62	0.73	0.86	1.00

注：表中数字代表倍数式比率。

制作
玛德琳蛋糕

任务二　制作玛德琳蛋糕

※ 任务目标

1. 掌握玛德琳蛋糕的制作工艺；
2. 能根据不同人群需求调整配方用量；
3. 培养学生的创新精神。

※ 导入情景

今天是重阳节，老师组织同学们去敬老院看望爷爷奶奶们。为了让老人们感受到大家的关怀，老师提议大家一起为他们做一款玛德琳蛋糕，但传统的玛德琳蛋糕过于甜腻，不适合老人食用。大家决定进行改良，制作出一款适合老人食用的玛德琳蛋糕。

※ 知识准备

蛋糕具有营养丰富、色泽漂亮、口味清香、口感松软和制作工艺简洁的特点。

（一）营养丰富

蛋糕多以乳品、蛋品、糖类、油脂、面粉、干鲜水果等为常见原料，而这些原料含有丰富的蛋白质、脂肪、糖及维生素等营养物质。它们是人体健康必不可少的营养素。

（二）色泽漂亮

在蛋糕制作过程中，由于配料中使用白糖等糖类，烤制成熟时发生焦糖化反应，使之形成漂亮的金黄色或褐黄色，刺激消费者食欲。

（三）口味清香

由于蛋糕所用的主料本身具有芳香的味道，而且这些原料在烘烤过程中发生美拉德反应等形成了特异的香气，更不用说个别蛋糕添加少量的香精提香，所以蛋糕在口味上往往呈现出清香的特点。

（四）口感松软

在蛋糕制作过程中，无论是利用鸡蛋膨松、油脂膨松还是他添加剂膨松等技法，生产出来的蛋糕产品都具有蓬松的口感，从而形成蛋糕的另一特色。

（五）制作工艺简洁

蛋糕从选料到搅拌、从灌模到烘烤、从脱模到造型、从整理到装饰，每一个线条到图案，每一种色调都清晰可辨，简洁明快，给人赏心悦目的感受。

※ 任务实施

本任务是制作玛德琳蛋糕。

一、材料与器具准备

器具：硅胶刮刀、手动打蛋器、不锈钢盆、电子秤、面筛、烤箱、冰箱、裱花袋、剪刀、胖贝壳不粘六连模具。

材料：如表 6-2-1 所示。

表 6-2-1　材料

材料	用量	材料	用量
鸡蛋	2 个	泡打粉	2 g
木糖醇 / 细砂糖	35 g	盐	1 g
黄油	40 g	柠檬	1 个
低筋面粉	80 g		

二、实操步骤

玛德琳蛋糕制作实操步骤如表 6-2-2 所示。

表 6-2-2　玛德琳蛋糕制作实操步骤

操作步骤		图示
称量	1. 按量称取所有材料	
制作过程	2. 黄油隔水融化	
	3. 鸡蛋和白砂糖一起放入不锈钢盆中，搅拌均匀，直至细砂糖完全融化	
	4. 低筋面粉、泡打粉、盐混合过筛，倒入蛋液中，搅拌成均匀的面糊	
	5. 柠檬皮刨削，加入面糊中搅拌均匀	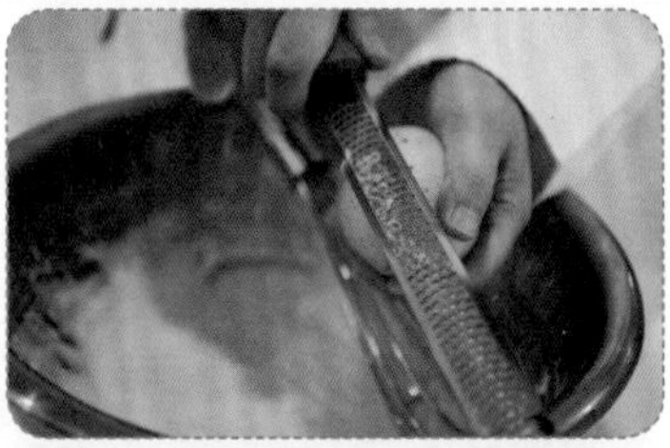
	6. 将融化的黄油加入面糊中，搅拌均匀至细腻柔滑，盖保鲜膜，放入冰箱冷藏 2 ~ 3h	

续表

操作步骤		图示
制作过程	7. 取出冷藏的面糊，放室温稍稍回温，装入裱花袋，裱花袋用剪刀剪一个小口	
	8. 将面糊挤入模具，八分满即可	
烘烤	9. 轻震两下放入烤箱烘烤，温度：180 ℃ / 170 ℃，烘烤 18 min	
脱模	10. 出炉后，轻震两下，倒扣放凉后脱模	

三、操作要点

（一）材料

因为是给老人食用，所以此配方中的黄油和糖都有所减少。大部分老人有血糖高的困扰，所以此配方的糖选择用木糖醇来替代，可尝试调整黄油和糖的比例，做出适合老人口感的玛德琳蛋糕。

（二）柠檬

柠檬皮刨削，只要黄色表皮，不要刨到白色部分，否则会有苦涩的味道。

（三）面糊冷藏

面糊一定要冷藏，才会有漂亮的小肚腩。如果时间充裕，冷藏一夜，风味更佳。

（四）入模

将面糊挤入模具时，只能挤至八分满，否则在烘烤时液体会溢出，从而造成烤出来的成品形态不美观。

（五）烘烤

烤箱务必提前预热至烘烤温度。入烤箱烘烤时，时间只作为参考。烘烤玛德琳蛋糕时，应摆放在烤箱中央烘烤，否则制品受热不均，影响制品成品质量。

（六）保存方法

玛德琳蛋糕放凉后会变硬，建议密封保存，3 天后会口味更佳。

（七）其他口味

想要制作其他口味的玛德琳蛋糕，可以在面粉中加入 10 g 可可粉、抹茶粉等，但原面粉的用量也要对应减少 10 g。

※ 检测评价

表 6-2-3　玛德琳蛋糕制作考核评价表

考核内容	考核要点	完成情况				评定等级		
		优	良	差	改进方法	优	良	差
仪容仪表	①头发干净、整齐，发型美观大方，女士盘发，男士不留胡须及长鬓角							
	②手及指甲干净，指甲修剪整齐、不涂指甲油							
	③着装符合岗位要求，整齐干净，不得佩戴过于醒目的饰物							
器具准备	①器具准备完善、干净							
	②操作台摆放有序，物品方便拿取							
称取材料	正确称取材料							
制作过程	①鸡蛋和白砂糖一起搅拌至细砂糖融化							
	②加入粉料部分后搅拌							
	③柠檬皮刨削只取黄色表皮，不能刨到白色部分							
	④加入黄油搅拌均匀，面糊冷藏时间达到要求							
	⑤倒入模具八分满							
	⑥烘烤时间控制得当，不能出现没烤熟或烘烤过度的情况							
质量标准	①外观：均匀、有光泽、形似贝壳，成品表面中间部分膨起							
	②色泽：金黄色							
	③组织：内部组织均匀细腻，无颗粒，无大气孔							
	④口感：绵软淡甜							

续表

考核内容	考核要点	完成情况				评定等级		
		优	良	差	改进方法	优	良	差
西点服务	①西点配备物品齐全							
	②合理使用服务用语，语气亲切、恰当							
工作区域清洁	①器具清洁干净、摆放整齐							
	②恢复操作台台面，干净、无水迹							

※ 巩固练习

1. 蛋糕的特点是什么？
2. 此配方的玛德琳蛋糕在材料上有哪些细节与传统玛德琳蛋糕不一样？
3. 尝试做一次其他口味的玛德琳蛋糕。

※ 拓展知识

制作哈雷纸杯蛋糕

材料如表 6-2-4 所示。

表 6-2-4　材料

部分	材料	用量	部分	材料	用量
A 部分	鸡蛋	2 个	B 部分	牛奶香粉（提香，没有可不放）	5 g
	细砂糖	115 g	C 部分	水	40 mL
	盐	2 g		色拉油	110 g
B 部分	低筋面粉	115 g		核桃（切碎）	50 g
	泡打粉	3 g		杏仁片	30 g

操作步骤如下：

1. 将 A 部分的材料称好放入搅拌机，调至中速，拌至化糖，确认糖完全融化，再将搅拌机调至快速打 2 min。

2. 将 A 部分加入 B 部分慢速拌匀。

3. 将 C 部分依次加入，中速搅拌均匀，取出装入纸杯 / 模具中，倒 7 ~ 8 分满，表皮撒少许葡萄干 / 干果类装饰，放入烤箱，温度：170 ℃ /160 ℃，烘烤 22 min。

任务三　制作巧克力摩卡卷

※ 任务目标

1. 熟悉掌握蛋糕制作设备和工具；
2. 掌握巧克力摩卡卷的制作工艺；
3. 培养学习养成积极动脑思考的习惯；
4. 培养学生对西点学习的热爱。

※ 导入情景

西点店出品各式各样的蛋糕卷，其中巧克力摩卡卷是这家店里最火爆的单品，每天做好后很快就售罄。今天小倩慕名而来，早早就来排队，想买一份巧克力摩卡卷作为母亲节礼物。

※ 知识准备

烤箱的温度对蛋糕品质有很大的影响。烘烤温度太低，烤制出来的蛋糕顶部会塌陷，同时四周会收缩，并且有残余的面屑粘在烘烤模具周围。低温烤出的蛋糕，比正常温度烤出的蛋糕内部粗糙、松散。烘烤的温度太高，会造成蛋糕顶部隆起并且裂开，四周向内收缩，但不会有面屑黏附在烘烤模具边缘。高温烤制出来的蛋糕口感较硬。

烘烤的时间对蛋糕品质影响也很大。烘烤的时间若不够，则蛋糕顶部和周围会呈现深色的条纹，内部组织发黏。烘烤时间太长则会导致组织干燥，蛋糕四周表层硬，在制作蛋糕卷时，难以成形，并出现断裂的情况。

烤箱的上下火温度高低控制是否合适，对产品的质量影响也很大。例如，薄片蛋糕应该上火高，下火低；海绵蛋糕应该上火低，下火高。

※ 任务实施

本任务是制作巧克力摩卡卷。

一、材料与器具准备

器具：硅胶刮刀、手动打蛋器、手持电动打蛋器、不锈钢盆、电子秤、硬刮片、面筛、油纸、40 mm × 60 mm 不粘烤盘、锯齿刀、8 寸抹刀、擀面杖、冰箱、案板。

材料：如表 6-3-1 所示。

表 6-3-1　材料

部分	材料	用量	部分	材料	用量
A 部分	蛋黄	9 个	A 部分	小苏打	3 g
	细砂糖	45 g			

续表

部分	材料	用量	部分	材料	用量
A 部分	咖啡水	160 mL	B 部分	蛋白	9 个
	低筋面粉	135 g		细砂糖	180 g
	可可粉	30 ~ 45 g		柠檬汁	2 ~ 3 滴
	玉米淀粉	10 g	C 部分	淡奶油	100 g
	色拉油	90 g		细砂糖	10 g

二、实操步骤

巧克力摩卡卷制作实操步骤如表 6-3-2 所示。

表 6-3-2　巧克力摩卡卷制作实操步骤

操作步骤		图示
称量	1. 按量称取所有材料	
烤盘	2. 烤盘铺油纸	
A 部分	3. 咖啡水和可可粉一起搅拌均匀，无颗粒	
	4. 另取一个不锈钢盆将蛋黄和糖搅拌均匀	

续表

<table>
<tr><th colspan="2">操作步骤</th><th>图示</th></tr>
<tr><td rowspan="2">A 部分</td><td>5. 将色拉油加入蛋黄盆中搅拌均匀，再一起加入咖啡水盆中</td><td></td></tr>
<tr><td>6. 将低筋面粉、玉米淀粉、小苏打一起加入，用 Z 字拌匀法拌匀</td><td></td></tr>
<tr><td>B 部分</td><td>7. 滴入柠檬汁，糖分 3 次加入蛋白中，打发至中性发泡</td><td></td></tr>
<tr><td rowspan="3">A 部分 +B 部分</td><td>8. 取 B 部分 1/3 的蛋白加入 A 部分中，先切拌，后翻拌均匀</td><td></td></tr>
<tr><td>9. 将翻拌好的 A 部分面糊全部倒入装有 B 部分的蛋白中，翻拌均匀</td><td></td></tr>
<tr><td>10. 将拌好的面糊倒入烤盘中，用硬刮片刮平整</td><td></td></tr>
</table>

续表

操作步骤		图示
烘烤	11. 轻震两下放入烤箱烘烤，温度：180 ℃/170 ℃，烘烤 25 min	
脱模	12. 出炉后，轻震两下，倒扣在网架上放凉后脱模	
C 部分	13. 淡奶油和糖一起打发到九分发	
成型	14. 用锯齿刀将冷却后的蛋糕坯一切为二，并分别在蛋糕坯的一端切出一个斜面	
	15. 取其中一片蛋糕坯放在油纸上，用抹刀将奶油均匀地涂抹在蛋糕片表面	
	16. 用擀面杖带着油纸将蛋糕片卷起来，收紧，收口朝下，放入冰箱，冷藏 20 min	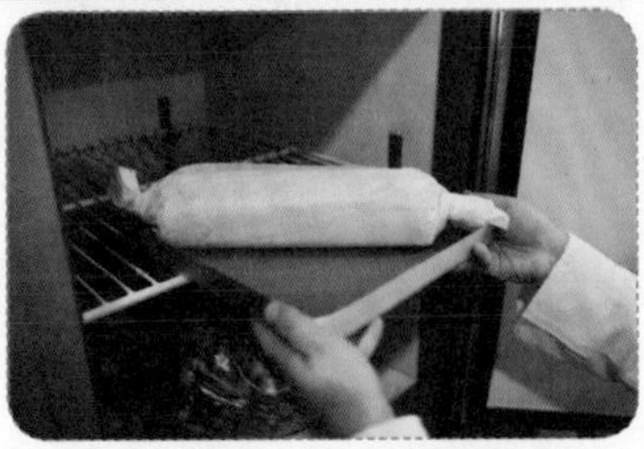

续表

操作步骤		图示
切片	17. 从冰箱里取出蛋糕卷，打开油纸，将蛋糕卷放到案板上切成 4.5 cm 宽的卷	

三、操作要点

（一）打发淡奶油

淡奶油一定要放冰箱冷藏，要用时才取出来。打发淡奶油实操步骤如表 6-3-3 所示。

表 6-3-3　打发淡奶油实操步骤

状态	操作步骤	图示
混合	手持电动打蛋器，开低速，将细砂糖与淡奶油搅拌均匀	
六分发	将打蛋器转为中速，淡奶油会逐渐变得浓稠有细微纹路；提起打蛋器为可滴落状态，奶油仍然保持流动状	
七分发	继续打发，奶油纹路稍微加深，提起打蛋器，轻轻晃动，奶油呈滴水状且不滴落	
八分发	继续进行中速打发，奶油纹路继续加深，打发到有清晰纹路、无流动状，提起打蛋器可以看到有比较坚挺的弯钩，色泽光滑	

续表

状态	操作步骤	图示
九分发	转慢速稍稍搅打，能感觉到明显阻力，纹路会变得更加密集立体，提起打蛋器出现短而直立的尖角	
打发过度	继续打发奶油，失去光泽，变成豆腐渣状	

六、七分发的淡奶油可用来制作慕斯蛋糕、爆浆奶盖蛋糕一类甜品；八分发的淡奶油可以用于奶油蛋糕的抹面、裱花；九分发的淡奶油可用作抹面、裱花和蛋糕卷的夹馅、雪梅娘夹馅等。

若淡奶油打发过度，可加入少量淡奶油，用电动打蛋器稍微搅拌，可恢复至九分发的状态。

（二）蛋糕卷成型

新手在给蛋糕卷成型时，一定要借助擀面杖，而且卷的过程一定要收紧，不要中间有空心。

※ 检测评价

表 6-3-4　巧克力蛋糕卷制作考核评价表

考核内容	考核要点	完成情况				评定等级		
		优	良	差	改进方法	优	良	差
仪容仪表	①头发干净、整齐，发型美观大方，女士盘发，男士不留胡须及长鬓角							
	②手及指甲干净，指甲修剪整齐、不涂指甲油							
	③着装符合岗位要求，整齐干净，不得佩戴过于醒目的饰物							
器具准备	①器具准备完善、干净							
	②操作台摆放有序，物品方便拿取							
称取材料	正确称取材料							

续表

考核内容	考核要点	完成情况				评定等级		
		优	良	差	改进方法	优	良	差
制作过程	①咖啡水和可可粉混合均匀							
	②加入粉料部分后用 Z 字拌匀法搅拌均匀							
	③蛋白打至中性发泡							
	④面糊倒入烤盘用硬刮片刮平整形							
	⑤奶油打发至八分发							
	⑥蛋糕卷用擀面杖卷起，收紧							
质量标准	①外观：形态规整，厚薄一致，无塌陷和隆起，不歪斜							
	②色泽：呈深棕色，色泽均匀，无斑点							
	③组织：组织细密，蜂窝均匀，无大气孔，无生粉、糖粒等疙瘩，富有弹性，蓬松柔软，内陷无空心							
	④口感：入口绵软甜香，松软可口，有纯正摩卡可可的香味							
西点服务	①西点配备物品齐全							
	②合理使用服务用语，语气亲切、恰当							
工作区域清洁	①器具清洁干净、摆放整齐							
	②恢复操作台台面，干净、无水迹							

※ 巩固练习

1. 烤箱的温度对烘烤蛋糕有什么影响？
2. 简述奶油打发的状态。
3. 蛋糕卷成型的要点是什么？

※ 拓展知识

制作肉松蛋糕卷

肉松蛋糕卷制作材料如表 6-3-5 所示。

表 6-3-5　材料（此配方是一个 6 寸的量，做一个烤盘的量乘以 3 倍）

部分	材料	用量	部分	材料	用量
A 部分	蛋黄	60 g	B 部分	蛋白	83 g
	牛奶 / 水	32.5 mL		细砂糖	32.5 g
	玉米油	28 g		柠檬汁	2 ~ 3 滴

续表

部分	材料	用量	部分	材料	用量
A 部分	低筋面粉	40 g	C 部分	葱花	适量
	泡打粉	2.5 g		海苔肉松	适量
	盐	1.5 g	D 部分	淡奶油	100 g
				糖	10 g

操作步骤如下：

①将蛋黄和糖拌匀。

②将色拉油加入拌匀，再加入水拌匀。

③将低筋面粉和盐、泡打粉加入，用 Z 字拌匀法拌匀。

④滴入柠檬汁，将糖分 3 次加入蛋白中，打至中性发泡。

⑤ A 部分 +B 部分翻拌均匀。

⑥烤盘铺油纸，放肉松，撒葱花。

⑦面糊倒入烤盘中刮平，轻震两下放入烤箱，温度：180 ℃ /170 ℃，烘烤 22 min。

⑧出炉后轻震两下，倒扣，放凉后脱模。

⑨淡奶油和糖一起打发到九分发，用抹刀抹到蛋糕片上。

⑩卷制成型。

任务四　制作黑森林蛋糕

※ 任务目标

1. 掌握黑森林蛋糕原料组成及选材要求；
2. 掌握黑森林蛋糕的制作工艺；
3. 培养学生崇尚劳动、热爱劳动、辛勤劳动、诚实劳动的精神。

※ 导入情景

在小林一家人的努力下，他们的生活蒸蒸日上。明天是小林妻子的生日，为了感谢妻子的辛勤付出，小林决定亲自做一份黑森林蛋糕，与妻子一起庆祝。

※ 知识准备

黑森林蛋糕的由来

黑森林蛋糕是德国著名的甜点，最早出现于德国南部黑森林地区。相传很早以前，每当黑森林地区的樱桃丰收时，农妇们除将过剩的樱桃制成果酱外，在做蛋糕时，也会非常大方地将樱桃塞在蛋糕的夹层里，或是将樱桃一颗颗细心地装饰在蛋糕上。在打制蛋糕的鲜奶油时，更会加入不少樱桃汁，而这种以樱桃与鲜奶油为主的蛋糕，从黑森林传到外地后，也就变成"黑森林蛋糕"了！

※ 任务实施

本任务是制作黑森林蛋糕。

一、材料与器具准备

器具：硅胶刮刀、手动打蛋器、手持电动打蛋器、不锈钢盆、电子秤、烤箱、8 寸蛋糕模具、锯齿刀、8 寸抹刀、冰箱、蛋糕分层器、不锈钢奶锅、蛋糕转台、刷子、裱花袋、8 齿裱花嘴、剪刀、电磁炉。

材料：如表 6-4-1 所示。

表 6-4-1 材料

部分	材料	用量	部分	材料	用量
A 部分	蛋黄	5 个	樱桃酒水	细砂糖	30 g
	细砂糖	40 g		水	100 mL
	可可粉	30 g		樱桃酒	50 g
	低筋面粉	70 g	樱桃酱	玉米淀粉	10 g
	色拉油	65 mL		车厘子	400 g
	牛奶	65 mL		细砂糖	100 g
B 部分	蛋白	5 个		柠檬汁	8 g
	糖	60 g	其他材料	巧克力屑	适量
	柠檬汁	2 ~ 3 滴		防潮糖粉	适量
C 部分	淡奶油	300 g		车厘子	6 颗
	细砂糖	30 g			

二、实操步骤

黑森林蛋糕制作实操步骤如表 6-4-2 所示。

表 6-4-2 黑森林蛋糕制作实操步骤

操作步骤		图示
称量	1. 用电子秤按量称取所有材料	

续表

操作步骤		图示
樱桃酒水	2. 将细砂糖倒入锅中，加水煮开备用	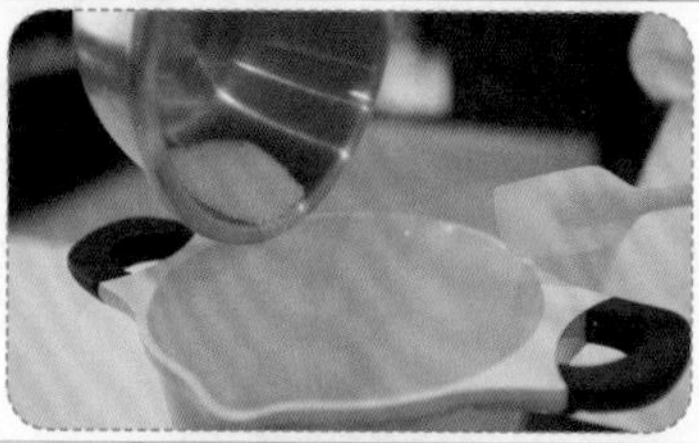
	3. 将樱桃酒加入糖水中	
樱桃酱	4. 将车厘子放入锅中，加入细砂糖、柠檬汁煮开	
	5. 加入玉米淀粉煮到浓稠	
A部分	6. 将蛋黄和细砂糖拌匀	
	7. 加入色拉油搅拌均匀	
	8. 加入牛奶搅拌均匀	

续表

操作步骤		图示
A 部分	9. 将低筋面粉和可可粉加入，用 Z 字拌匀法搅拌均匀	
B 部分	10. 滴入柠檬汁，细砂糖分 3 次加入蛋白中，打发至中性发泡	
A 部分 +B 部分	11. 取 B 部分 1/3 的蛋白加入 A 部分中，先切拌，后翻拌均匀	
	12. 将翻拌好的 A 部分面糊全部倒入装有 B 部分的蛋白中，翻拌均匀	
	13. 将拌好的面糊倒入 8 寸蛋糕模具中，轻震模具两下	
烘烤	14. 放入烤箱烘烤，温度：180 ℃ / 170 ℃，烘烤 40 min	

续表

操作步骤		图示
脱模	15. 出炉后，轻震两下，倒扣在网架上，放凉后脱模	
切片	16. 将蛋糕粉层器夹在锯齿刀上，将蛋糕平行切成 3 片	
打发奶油	17. 淡奶油加细砂糖，打发至八分发状态	
组装	18. 一片蛋糕坯放在蛋糕转台上做底，刷樱桃酒水、抹上奶油，加上樱桃酱；再放一片蛋糕坯在樱桃酱上，刷樱桃酒水抹奶油，再加上樱桃酱，再放最后一片蛋糕坯	
抹坯	19. 用抹刀将奶油均匀平滑地抹在蛋糕坯四周	
装饰	20. 用抹刀取巧克力屑，均匀地粘在蛋糕四周	

续表

操作步骤		图示
装饰	21. 将裱花嘴装入裱花袋中，用剪刀剪一个小口；将奶油装入裱花袋，在蛋糕顶部均匀地挤 6 个奶油花	
	22. 在奶油花上放上 6 颗新鲜车厘子，撒糖粉，放入冰箱冷藏一会儿即可	

黑森林蛋糕组装如图 6-4-1 所示。

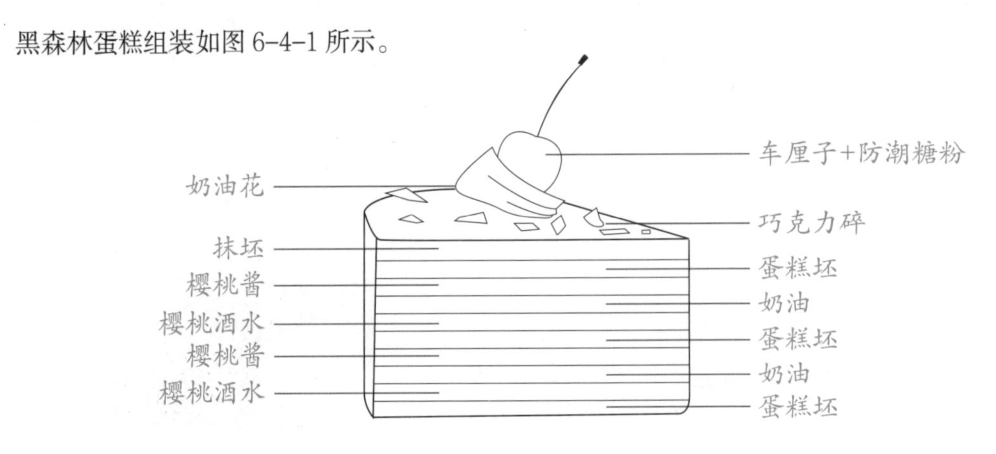

图 6-4-1　黑森林蛋糕组装示意图

三、操作要点

（一）樱桃酱

制作樱桃酱时，往锅中加入玉米淀粉后要迅速搅拌，然后立刻把锅拿离电磁炉。根据樱桃的酸度适量加入柠檬汁，樱桃酱可以提前几天做好备用。樱桃酱要完全冷却后才可以用。

（二）蛋糕坯

黑森林的蛋糕坯除可以用巧克力戚风蛋糕坯，也可以用巧克力海绵蛋糕坯，使用任何一个自己喜欢的巧克力蛋糕配方均可。

（三）樱桃酒

樱桃酒可以用朗姆酒或白兰地代替。如果给小朋友吃，可以用樱桃汁来代替。

（四）巧克力屑

撒巧克力屑时，不要用手接触巧克力屑，否则会融化在手上。用抹刀铲起巧克力屑，轻轻粘在蛋糕侧面和顶部。

※ 检测评价

表 6-4-3　黑森林蛋糕制作考核评价表

考核内容	考核要点	完成情况				评定等级		
		优	良	差	改进方法	优	良	差
仪容仪表	①头发干净、整齐，发型美观大方，女士盘发，男士不留胡须及长鬓角							
	②手及指甲干净，指甲修剪整齐、不涂指甲油							
	③着装符合岗位要求，整齐干净，不得佩戴过于醒目的饰物							
器具准备	①器具准备完善、干净							
	②操作台摆放有序，物品方便拿取							
称取材料	正确称取材料							
制作过程	①A部分搅拌均匀细滑无颗粒							
	②蛋白打发至中性发泡							
	③蛋糕切片平整均匀							
	④淡奶油打发至八分发							
	⑤按照步骤完整组装蛋糕，无倾斜、坍塌							
	⑥奶油花挤得均匀，间距一致							
质量标准	①外观：形态规整，无塌陷，不歪斜，巧克力屑分布均匀							
	②色泽：呈巧克力深棕色，色泽均匀							
	③组织：坯体组织细密，蜂窝均匀，无大气孔，无生粉、糖粒等疙瘩；奶油细腻顺滑无气洞							
	④口感：酸甜微苦，松软可口							
西点服务	①西点配备物品齐全							
	②合理使用服务用语，语气亲切、恰当							
工作区域清洁	①器具清洁干净、摆放整齐							
	②恢复操作台台面，干净、无水迹							

※ 巩固练习

1. 黑森林蛋糕的口感特色是什么？
2. 简述黑森林蛋糕的由来。
3. 黑森林蛋糕的原料组成及选用要求是什么？

※ 拓展知识

制作红丝绒蛋糕

材料如表 6-4-4 所示。

表 6-4-4　材料

部分	材料	用量	部分	材料	用量
A 部分	蛋黄	40 g	A 部分	细砂糖	5 g
	牛奶 / 水	40 mL	B 部分	蛋白	65 g
	玉米油	30 g		细砂糖	50 g
	低筋面粉	56 g		柠檬汁	2 ~ 3 滴
	红曲粉	6 g	C 部分	淡奶油	100 g
	盐	1 g		糖	10 g

操作步骤如下：

①将蛋黄和砂糖拌匀。

②将色拉油加入拌匀，再加入水拌匀。

③将低筋面粉和盐、红曲粉加入，用 Z 字拌匀法拌匀。

④滴入柠檬汁，将砂糖分 3 次加入蛋白中，打至中性发泡。

⑤ A 部分 +B 部分翻拌均匀，放入烤箱，温度：180 ℃ /170 ℃，烘烤 40 min。

⑥烤好取出轻震倒扣脱模。

红丝绒蛋糕组装如图 6-4-2 所示。

图 6-4-2　红丝绒蛋糕组装示意图

甜品类制作

任务一　制作提拉米苏

※ 任务目标

1. 能制作手指饼干；
2. 能打发芝士糊；
3. 能装饰提拉米苏；
4. 培养学生细心、耐心的品质。

※ 导入情景

曾经有名士兵要出征了，爱他的妻子为了给他准备干粮，把家里所有能吃的饼干、面包全做进了一个糕点里，这个糕点就叫提拉米苏。每当这名士兵在战场上吃到提拉米苏就会想起他的家，想起家中心爱的妻子，士兵带走的不只是美味，还有爱和幸福。

※ 知识准备

一、明胶

明胶又称鱼胶、吉利丁片，是由动物的皮、筋或骨骼提炼出来的物质。市场上常见的明胶多以牛皮、牛骨或猪皮、鱼皮、鱼鳞和鸡皮为原料制备。明胶有遇冷凝结的特性。质量较差的明胶粉会带有腥味。而明胶片却没有腥味，选用时需特别留意。

二、奶酪

奶酪又名干酪，是一种发酵的牛奶制品，其性质与常见的酸牛奶有相似之处，都通过发酵过程来制作，也都含有可以保健的乳酸菌，但是奶酪的浓度比酸奶更高，近似固体食物，营养价值因此也更加丰富。奶酪种类繁多，以下主要介绍在烘焙中较常用的 4 种奶酪。

（一）奶油奶酪

奶油奶酪是一种未成熟的全脂奶酪，色泽洁白，质地细腻，口感微酸，非常适合用来制作奶酪蛋糕。奶油奶酪由鲜奶经过细菌分解所产生的奶酪及凝乳通过凝固、过滤、挤压、成型等处理所制成。奶油奶酪开封后非常容易变质。

（二）马斯卡彭

马斯卡彭是一种产生于意大利的新鲜乳酪，是将鲜牛奶发酵凝结，去除部分水分后所形成的，其固形物中乳酪脂肪成分占 80%。其软硬程度介于鲜奶油与奶油乳酪之间，带有轻微的甜味及浓郁的口感。马斯卡彭是制作提拉米苏的主要材料。

（三）马苏里拉奶酪

马苏里拉奶酪又称马祖里拉、莫索里拉、莫扎雷拉、莫兹瑞拉等，是意大利南部坎帕尼亚的那不勒斯产的一种淡味奶酪。真正的马苏里拉奶酪是用水牛奶制作的，不过现代比较常见的是普通牛奶的制品。普通牛奶的制品色泽淡黄，含乳脂约 50%。正宗水牛奶的制品色泽很白，有一层很薄的光亮外壳，未成熟时质地很柔顺，很有弹性，容易切片，成熟期为 1 ~ 3 天，成熟后就变得相当软，风味增强，不过之后迅速变质，保质期不超过 1 周。正宗水牛奶制品具有普通牛奶制品无法企及的甜度和浓度，风味要好得多，不过质地更软，弹性上要欠缺不少。

（四）帕马森奶酪

帕马森奶酪也称帕马森干酪，是一种意大利硬质的干酪。它是根据出产地区意大利艾米利亚 - 罗马涅的帕尔马以及艾米利亚命名的。很多喜好奶酪者称该干酪为奶酪之王。其制造过程中有煮过但是没有挤压，经过多年成熟干燥而成，色淡黄，具有强烈的水果味道。帕马森干酪用途非常广泛，不仅可以擦成干酪碎屑，作为意式汤、面食及其他菜肴的调味品，还能制成甜品。

※ 任务实施

本任务是制作提拉米苏。

一、材料与器具准备

器具：硅胶刮刀、手动打蛋器、手持电动打蛋器、不锈钢盆、电子秤、网筛、烤盘、烤箱、慕斯模具、冰箱、裱花袋。

材料：如表 7-1-1 所示。

表 7-1-1 材料

部分	材料	用量	部分	材料	用量
手指饼干	蛋黄	3 个	芝士糊	淡奶油	200 g
	糖粉	24 g		细砂糖	75 g
	低筋面粉	72 g		明胶	10 g
	玉米淀粉	24 g		水	适量
	蛋白	3 个		马斯卡彭	250 g
	细砂糖	72 g	咖啡糖浆	意式浓缩咖啡	200 mL
芝士糊	蛋黄	80 g		咖啡力娇酒	100 mL

二、实操步骤

提拉米苏制作实操步骤如表 7-1-2 所示。

表 7-1-2　提拉米苏制作实操步骤

操作步骤		图示
称量	1.用电子秤按量称取所有材料，放入不锈钢盆	
手指饼干	2.蛋黄和糖粉打发至浓稠状态	
	3.蛋白和细砂糖打发至中性发泡	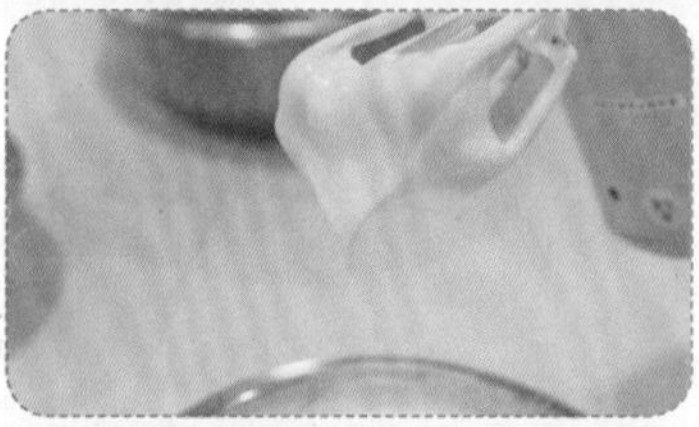
	4.蛋黄加入打发好的蛋白中拌匀	
	5.使用网筛分 3 次将低筋面粉和玉米淀粉加入，拌匀	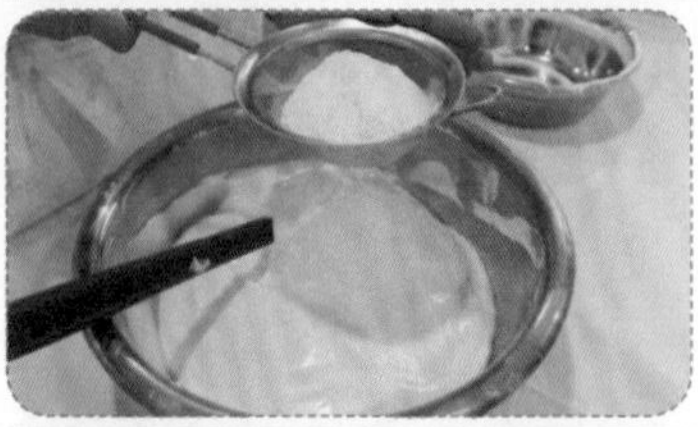
	6.烤盘铺油纸，面糊装入裱花袋中，垂直挤出手指大小的剂子	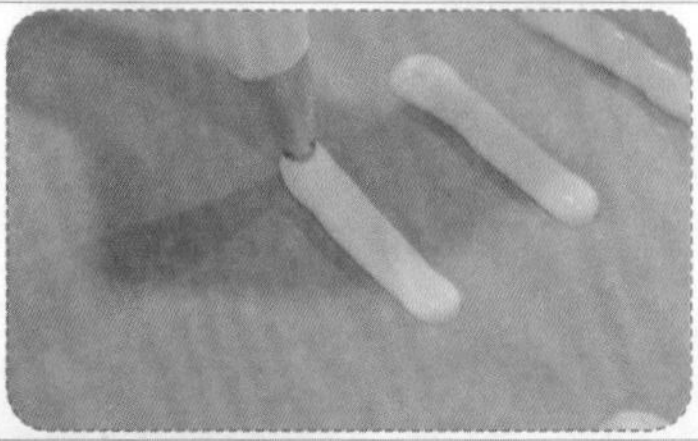
	7.入烤箱烘烤，温度：190 ℃ / 190 ℃，烘烤 20 min 至表面金黄即可	 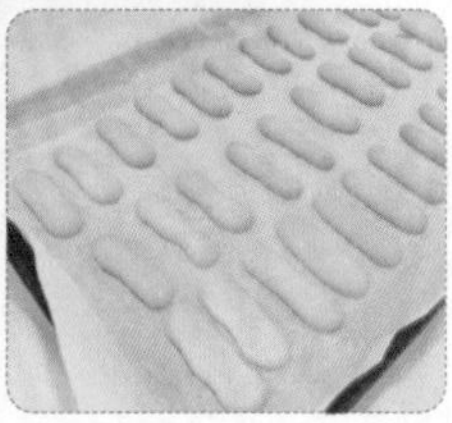

续表

操作步骤		图示
芝士糊	8. 马斯卡彭解冻至光滑无颗粒	
	9. 明胶冰水泡软备用	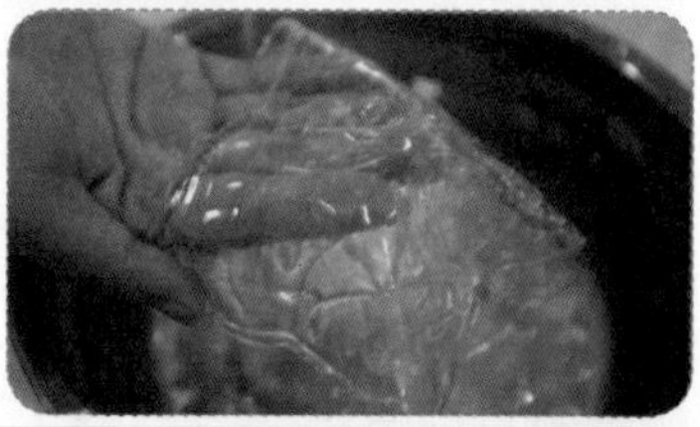
	10. 蛋黄打发至浓稠	
	11. 细砂糖加适量水，熬成糖浆，趁热倒入蛋黄中，边倒边打，打至冷却	
	12. 加入马斯卡彭，打蛋器开中速搅拌至细腻光滑无颗粒	
	13. 取出明胶，沥干水分，隔水融化成液体，加入芝士糊中拌匀	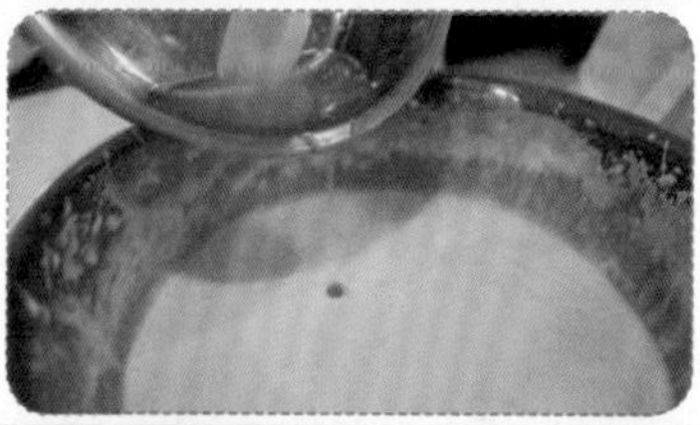
	14. 淡奶油打至六分发，加入芝士糊中拌匀	

续表

操作步骤		图示
咖啡糖浆	15. 意式浓缩咖啡和咖啡力娇酒拌匀即可	
组装	16. 手指饼干沾咖啡糖浆，放在网架上，让饼干的水沥干，铺在慕斯模具底层	
	17. 倒入一部分芝士糊，放置沾了咖啡糖浆的手指饼干在芝士糊上	
	18. 倒入芝士糊，放冰箱冷冻 2 h，若冷藏则冷藏 4 h	
装饰	19. 取出做装饰即可	

提拉米苏组装如图 7-1-1 所示。

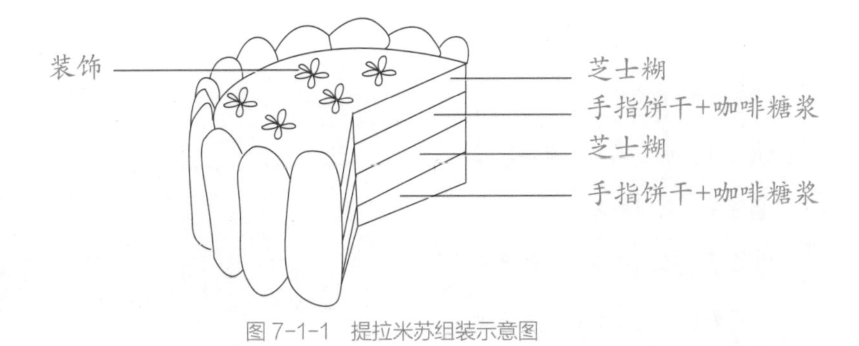

图 7-1-1　提拉米苏组装示意图

三、操作要点

（一）手指饼干制作注意事项

在手指饼干蛋黄和糖粉的打发部分，一定要打发至浓稠状态，也就是提起蛋抽画 8 字痕迹不立即消失才可以。手指饼干浸咖啡糖浆时，要泡透泡软。

（二）芝士糊制作注意事项

芝士糊蛋黄的打发要求和手指饼干蛋黄的打发要求相同。糖水熬制步骤中，水的用量刚好将糖浸湿即可，电磁炉温度控制在 300 ℃、500 ℃、800 ℃左右为佳。

※ 检测评价

表 7-1-3　提拉米苏制作考核评价表

考核内容	考核要点	完成情况				评定等级		
		优	良	差	改进方法	优	良	差
仪容仪表	①头发干净、整齐，发型美观大方，女士盘发，男士不留胡须及长鬓角							
	②手及指甲干净，指甲修剪整齐、不涂指甲油							
	③着装符合岗位要求，整齐干净，不得佩戴过于醒目的饰物							
器具准备	①器具准备完善、干净							
	②操作台摆放有序，物品方便拿取							
称取材料	正确称取材料							
制作过程	①蛋黄和糖打发至浓稠状态，提起蛋抽画 8 字痕迹不立刻消失							
	②蛋白打发至中性发泡							
	③手指饼干烤至表面呈金黄色							
	④马斯卡彭解冻至细腻光滑无颗粒							
	⑤糖浆熬制成色拉油色							
	⑥淡奶油打至六分发							
	⑦组装顺序无误							
质量标准	①外观：形态规整，有层次感							
	②色泽：色泽均匀							
	③组织：组织细密，无气孔缝隙							
	④口感：口感柔和，绵软湿润，富有层次感							

续表

考核内容	考核要点	完成情况				评定等级		
		优	良	差	改进方法	优	良	差
西点服务	①西点配备物品齐全							
	②合理使用服务用语，语气亲切、恰当							
工作区域清洁	①器具清洁干净、摆放整齐							
	②恢复操作台台面，干净、无水迹							

※ 巩固练习

1. 提拉米苏的特色是什么？
2. 提拉米苏的原料组成及选用有什么要求？
3. 提拉米苏制作有哪些注意事项？

※ 拓展知识

提拉米苏的传说

提拉米苏起源于士兵上战场前，心急如焚的爱人因为没有时间烤制精美的蛋糕，只好手忙脚乱地胡乱混合了鸡蛋、可可粉、蛋糕条，做成粗陋速成的点心，再满头大汗地送到士兵手中。她挂着汗珠，闪着泪光递上的食物虽然简单，却甘香馥郁，满怀着深深的爱意。因而提拉米苏中的一个含义是“记住我”。喜欢一个人，跟他去天涯海角，而不只是让他记住，所以提拉米苏还有“带我走”的含义。

任务二　制作欧培拉

※ 任务目标

1. 能制作杏仁海绵蛋糕坯；
2. 能熬制咖啡糖浆；
3. 能制作咖啡奶油馅；
4. 能制作甘纳许；
5. 培养学生追求极致的工艺精神。

※ 导入情景

小希在酒店西餐厅实习一年了，每天学习制作各式甜品，一直梦想成为一名出色的西点师。

今天，她尝试制作有着数百年历史的甜品——欧培拉。为了做出松软醇香的口感，小希反复研究实验，精益求精。

※ 知识准备

一、黄油

黄油又称乳脂、白脱油，是将牛奶中的稀奶油和脱脂乳分离后，使稀奶油成熟并经搅拌而成的。黄油与奶油的最大区别在于成分，黄油的脂肪含量更高，含脂量在 80% 以上，熔点为 28 ~ 33 ℃。优质黄油色泽浅黄，质地均匀、细腻，切面无水分渗出，气味芬芳。

二、巧克力

巧克力原产南美洲中部，其鼻祖是“xocolatl”，意为“苦水”。其主要原料可可豆产于赤道南北纬 18° 以内的狭长地带。常见的巧克力有白巧克力、黑巧克力、牛奶巧克力。巧克力含有可可脂，天然的可可脂巧克力成本较高，口感好。巧克力在西点中的运用非常广泛，适合做各种蛋糕的装饰物、模具巧克力、夹馅。

巧克力的熔点很低，为 40 ~ 50 ℃，冷却到室温时又会凝固。巧克力制品就是利用巧克力融化—调温—凝固这一特点进行制作。巧克力的熔化方法通常分为两种——隔水熔化法和微波炉加热法。

※ 任务实施

本任务是制作欧培拉。

一、材料与器具准备

器具：硅胶刮刀、手动打蛋器、手持电动打蛋器、不锈钢盆、电子秤、网筛、烤盘、硅胶烤垫、烤箱、冰箱、不锈钢奶锅、电磁炉。

材料：如表 7-2-1 所示。

表 7-2-1　材料

部分	材料	用量	部分	材料	用量
杏仁海绵蛋糕坯	杏仁粉	150 g	咖啡糖浆	咖啡酒	适量
	蛋白	150 g	咖啡奶油馅	细砂糖	适量
	低筋面粉	90 g		水	70 mL
	细砂糖	90 g		蛋黄	4 个
	全蛋	5 个		黄油	300 g
	黄油	30 g		咖啡精	2 ~ 3 滴
咖啡糖浆	水	100 mL		咖啡酒	2 ~ 3 瓶盖
	细砂糖	50 g	甘纳许	巧克力	100 g
	咖啡精	适量		淡奶油	100 mL

二、实操步骤

欧培拉制作实操步骤如表 7-2-2 所示。

表 7-2-2 欧培拉制作实操步骤

操作步骤		图示
称量	1. 按量称取所有材料	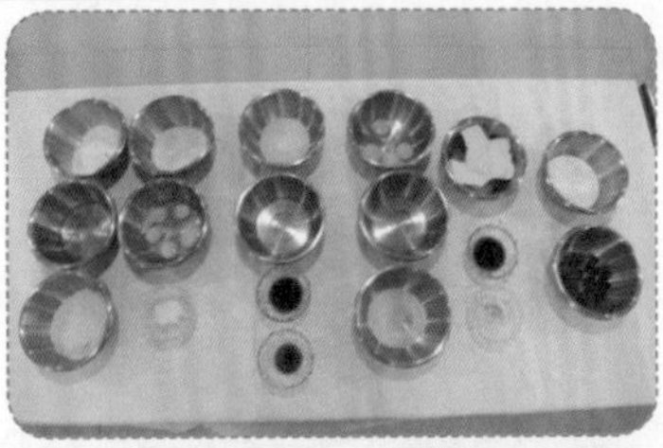
杏仁海绵蛋糕坯	2. 杏仁粉过筛，低筋面粉过筛	
	3. 黄油融化成液态备用	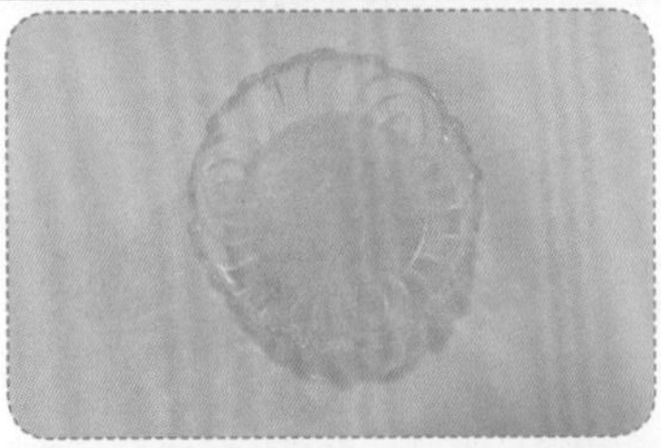
	4. 取 1/3 的细砂糖与全蛋打发至浓稠	
	5. 将剩下 2/3 的糖与蛋白打发至湿性发泡状态	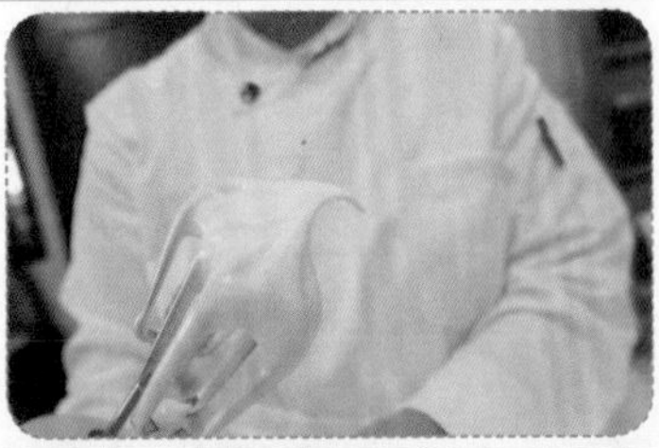
	6. 将全蛋部分与蛋白部分拌匀	

续表

操作步骤		图示
杏仁海绵蛋糕坯	7. 将杏仁粉、低筋面粉分 3 次加入，用切拌法拌匀	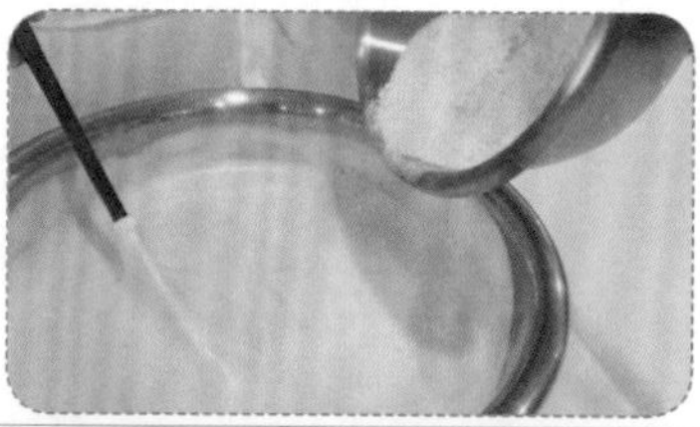
	8. 加入黄油，快速拌匀	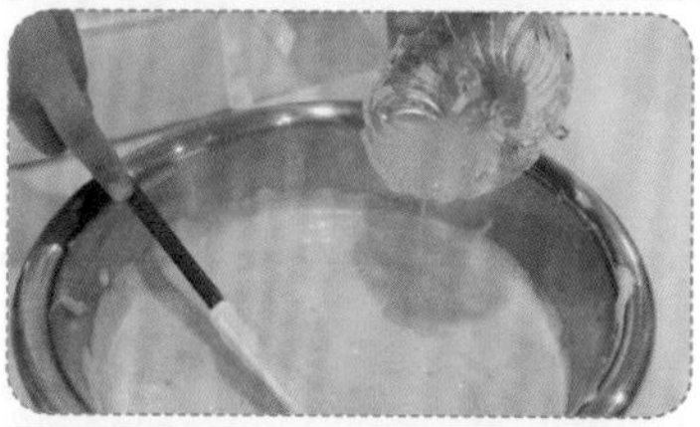
	9. 烤盘铺硅胶靠垫，面糊平铺烤盘上，放入烤箱烘烤，温度：190 ℃ / 190 ℃，烘烤 10 ~ 12 min，烤好取出放凉脱模	
咖啡糖浆	10. 将糖和水小火烧开，冷却至常温后加入咖啡精、咖啡酒，拌匀	
咖啡奶油馅	11. 蛋黄打发至浓稠	
	12. 将糖和水熬成糖浆，趁热倒入蛋黄中打至冷却	
	13. 黄油少量多次加入，拌匀	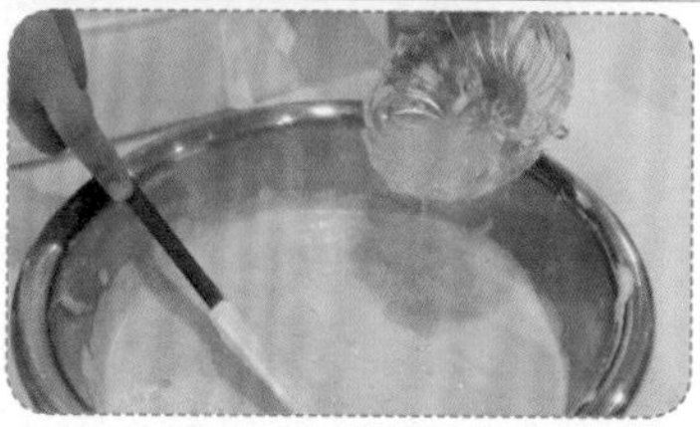

续表

操作步骤		图示
咖啡奶油馅	14. 加入咖啡精、咖啡酒，拌匀	
甘纳许	15. 淡奶油小火烧开，加入切碎的黑巧克力，冷至手温左右淋面	
组装	16. 用刀将蛋糕坯分成 4 份	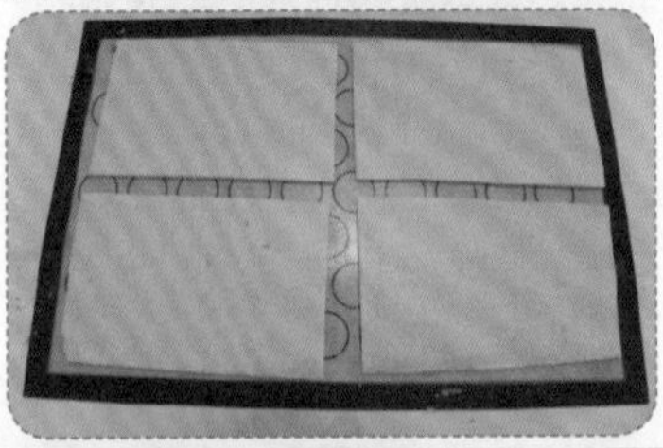
	17. 烤盘背面铺保鲜膜，放一片蛋糕，刷一层咖啡奶糖浆，抹一层咖啡奶油馅，冷藏后切块	

欧培拉组装如图 7-2-1 所示。

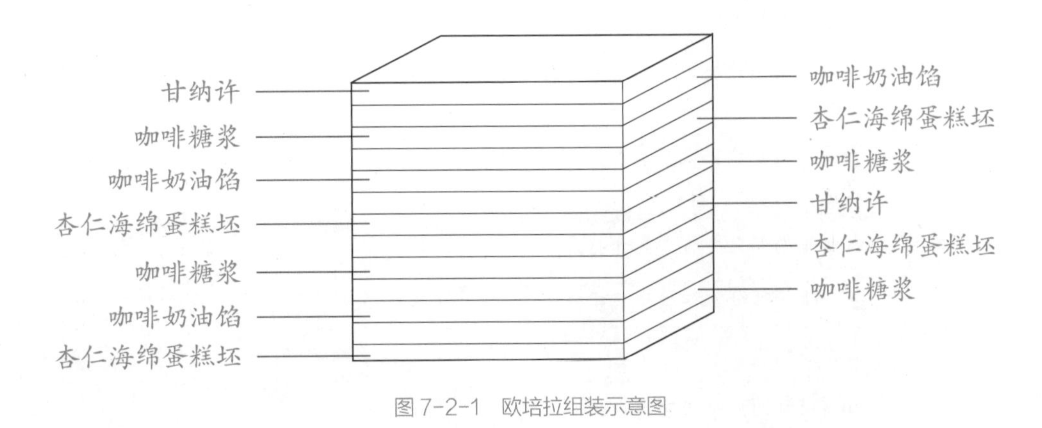

图 7-2-1　欧培拉组装示意图

三、操作要点

（一）制作杏仁海绵蛋糕坯注意事项

加入黄油时，黄油温度不要过高。面糊倒入烤盘后，不要震烤盘，会消泡。这款蛋糕坯不能用油纸，会取不下来。

（二）制作咖啡奶油馅注意事项

在咖啡奶油馅制作步骤中，全程开中高速打发。黄油少量多次加入拌匀，每加入一次黄油，一定打匀再加下一次，每次加入 10 g 左右。特别是，前期一定少量加入。

（三）组装注意事项

组装时，按照步骤进行，中间层的甘纳许不要太稀，顶层的可以稍稀，中间层用抹刀抹平，最后淋面后，抹刀用喷火枪加热，将甘纳许抹平。杏仁海绵蛋糕坯、咖啡糖浆要有 4 份，两块之间不是咖啡奶就是甘纳许。

※ 检测评价

表 7-2-3　欧培拉制作考核评价表

考核内容	考核要点	完成情况				评定等级		
		优	良	差	改进方法	优	良	差
仪容仪表	①头发干净、整齐，发型美观大方，女士盘发，男士不留胡须及长鬓角							
	②手及指甲干净，指甲修剪整齐、不涂指甲油							
	③着装符合岗位要求，整齐干净，不得佩戴过于醒目的饰物							
器具准备	①器具准备完善、干净							
	②操作台摆放有序，物品方便拿取							
称取材料	正确称取材料							
制作过程	①杏仁海绵蛋糕坯部分糖与全蛋打发至浓稠							
	②杏仁海绵蛋糕坯部分蛋白打发至湿性发泡							
	③咖啡奶部分全程中高速打发							
	④咖啡奶部分水和糖熬成糖浆							
	⑤组装顺序无误							
	⑥顶层甘纳许平整顺滑							

续表

考核内容	考核要点	完成情况				评定等级		
		优	良	差	改进方法	优	良	差
质量标准	①外观：形态规整，有层次感							
	②色泽：色泽均匀							
	③组织：组织细密，无气孔缝隙							
	④口感：口感柔和，绵软湿润，富有层次感							
西点服务	①西点配备物品齐全							
	②合理使用服务用语，语气亲切、恰当							
工作区域清洁	①器具清洁干净、摆放整齐							
	②恢复操作台台面，干净、无水迹							

※ 巩固练习

1. 欧培拉由哪几个部分组成？
2. 制作欧培拉的操作要点有哪些？
3. 欧培拉的质量标准是什么？

※ 拓展知识

制作西点常用装饰馅料

（一）黄金酱

材料如表 7-2-4 所示。

表 7-2-4 材料

材料	用量	材料	用量
鸡蛋	4 个	玉米淀粉	100 g
糖粉	200 g	黄油	15 g
盐	5 g	白醋	5 mL
水	250 mL	熔化酥油	750 g

操作步骤如下：

①取一部分水融化淀粉，剩余的水和糖粉、盐、黄油煮开，加入淀粉浆冲成糊状。

②冷却后和鸡蛋加在一起，用打蛋器边打边加入酥油，打好后加入白醋即可。

（二）奶酥馅

材料如表 7-2-5 所示。

表 7-2-5 材料

材料	用量	材料	用量
黄油	150 g	玉米淀粉	15 g
细砂糖	100 g	奶粉	120 g
鸡蛋	50 g	牛奶香粉	5 g

操作步骤如下：

①将黄油和细砂糖打发均匀。

②少量多次加入鸡蛋，拌匀。

③加入玉米淀粉、奶粉、牛奶香粉，拌匀即可。

任务三 制作重芝士蛋糕

※ 任务目标

1. 能叙述制作重芝士蛋糕所需的材料；
2. 掌握重芝士蛋糕的制作原理和技巧；
3. 培养学生的工艺传承精神。

※ 导入情景

公司即将举办宴会，职员小敏负责准备宴会的甜品，公司领导要求有重芝士蛋糕，因为当晚出席宴会的一名重要客户非常喜欢这款甜品。小敏走访了多家西点店，终于找到了一家专门制作重芝士蛋糕的西点店，他家的重芝士蛋糕口感非常细腻、顺滑。

※ 知识准备

选择芝士的标准：

1. 颜色：市面上售卖的芝士通常分为白芝士和黄芝士两种：白色为瑞士风味，黄色为美式风味。美式风味芝士的成分里因含有胡萝卜，故颜色为黄色。

2. 风味：比较芝士的味道，主要可以分为咸、酸、甜三类，用于制作芝士蛋糕及调味搭配的参考。奶味浓淡根据个人偏好选择，多数人喜欢浓郁的奶味。

3. 口感：口感越顺滑，越适合细腻的甜点，通常多数人喜欢细腻的口感。

※ 任务实施

本任务是制作重芝士蛋糕。

一、材料与器具准备

器具：硅胶刮刀、手动打蛋器、手持电动打蛋器、不锈钢盆、电子秤、网筛、烤盘、烤箱、蛋糕模具、冰箱、裱花袋、8 齿裱花嘴、剪刀。

材料：如表 7-3-1 所示。

表 7-3-1　材料

部分	材料	用量	部分	材料	用量
黄油曲奇	黄油	70 g	芝士糊	淡奶油	100 g
	低筋面粉	200 g		糖粉	70 g
	糖粉	50 g		鸡蛋	2 个
	色拉油	70 g		酸奶	50 g
	牛奶 / 水	70 mL		柠檬汁	适量
芝士糊	奶油芝士	250 g		柠檬皮	适量

二、实操步骤

重芝士蛋糕制作实操步骤如表 7-3-2 所示。

表 7-3-2　重芝士蛋糕制作实操步骤

操作步骤		图示
称量	1. 按量称取所有材料	
黄油曲奇	2. 黄油和糖粉打发到颜色泛白、体积蓬松	
	3. 少量多次加入色拉油，拌匀	

续表

操作步骤		图示
黄油曲奇	4. 少量多次加入牛奶 / 水，拌匀	
	5. 加入低筋面粉，拌匀	
	6. 装入裱花袋，挤出曲奇花的形状	
	7. 放入烤箱烘烤，温度：180 ℃ / 180 ℃，烘烤 25 min 至颜色金黄	
	8. 将烤好的曲奇捏碎，加适量黄油揉成团，平铺在模具里，用勺子压紧，冷冻 20 min 备用	
芝士糊	9. 奶油芝士解冻软化至光滑无颗粒	
	10. 依次加入糖粉、鸡蛋、酸奶、淡奶油、柠檬汁，拌匀	

续表

操作步骤		图示
芝士糊	11. 过筛 1 ~ 2 次	
	12. 加入适量柠檬皮，拌匀	
	13. 倒入模具七分满	
烘烤	14. 放入烤箱烘烤，用水浴法烘烤，温度：200 ℃ /160 ℃，烘烤 25 min 左右，上色后温度调到 160 ℃ /160 ℃，再烘烤 20 min	

三、操作要点

（一）黄油曲奇

黄油和糖粉打发到体积蓬松，颜色变浅，搅拌网周边的黄油呈羽毛状。打发时间越久，烘烤出的饼干口感越酥，但也不可打发太久，太酥会导致烤好后取出时饼干碎掉。

烤好后的曲奇捏碎加黄油的质量如表 7-3-3 所示。

表 7-3-3　曲奇捏碎加黄油质量表

模具尺寸	加黄油的质量
6 寸	50 ~ 60 g
8 寸	100 ~ 120 g
10 寸	150 ~ 180 g

（二）芝士糊

在芝士糊制作步骤中，糖粉、鸡蛋、酸奶、淡奶油、柠檬汁要依次加入，每种拌匀后再加入下一种。根据自己的口味，还可以加入少量朗姆酒。

（三）烘烤

烘烤重芝士蛋糕时，采用水浴法烘烤，有以下两种操作方式：

1. 烤盘加水，模具放网架上，网架放在烤盘上层。

2. 模具包锡箔纸，上方不要盖住，放烤盘里，烤盘加水。

※ 检测评价

表 7-3-4　重芝士蛋糕制作考核评价表

考核内容	考核要点	完成情况				评定等级		
		优	良	差	改进方法	优	良	差
仪容仪表	①头发干净、整齐，发型美观大方，女士盘发，男士不留胡须及长鬓角							
	②手及指甲干净，指甲修剪整齐、不涂指甲油							
	③着装符合岗位要求，整齐干净，不得佩戴过于醒目的饰物							
器具准备	①器具准备完善、干净							
	②操作台摆放有序，物品方便拿取							
称取材料	正确称取材料							
制作过程	①黄油曲奇中，黄油和糖打发到体积蓬松，颜色泛白							
	②黄油曲奇烤至表面呈金黄色							
	③芝士糊制作好后细腻无颗粒							
	④用水浴法烘烤							
质量标准	①外观：形态规整，呈淡黄色							
	②色泽：色泽分布均匀							
	③组织：组织细密							
	④口感：顺滑，绵软湿润							
西点服务	①西点配备物品齐全							
	②合理使用服务用语，语气亲切、恰当							
工作区域清洁	①器具清洁干净、摆放整齐							
	②恢复操作台台面，干净、无水迹							

※ 巩固练习

1. 重芝士蛋糕由哪两个部分组成？
2. 制作重芝士蛋糕的操作要点有哪些？
3. 水浴法有哪两种操作方式？

※ 拓展知识

制作西点常用馅料

（一）色拉酱

材料如表 7-3-5 所示。

表 7-3-5　材料

材料	用量	材料	用量
蛋黄	4 个	白醋	10 mL
糖粉	50 g	色拉油	500 g
盐	5 g	玉米淀粉	15 g

操作步骤如下：

①将蛋黄、糖粉、盐搅拌均匀，再慢慢加入色拉油和白醋，打至细腻糊状。

②加入玉米淀粉，拌匀。

（二）卡仕达酱

材料如表 7-3-6 所示。

表 7-3-6　材料

材料	用量	材料	用量
蛋黄	3 个	面粉	25 g
细砂糖	75 g	牛奶	120 mL

操作步骤如下：

①将蛋黄和细砂糖打发成乳白色。

②加入面粉，搅拌均匀。

③牛奶加热，缓慢倒入其中，迅速搅拌，防止蛋黄结块，并在火上加热搅拌，直至黏稠。

④关火放凉，放入冰箱冷藏。

任务四　制作抹茶慕斯

※ 任务目标

1. 能叙述制作抹茶慕斯所需的材料和工具；
2. 掌握抹茶慕斯的制作流程；
3. 能独立完成抹茶慕斯的制作；
4. 培养学生热爱专业，养成良好的职业道德和勤学苦练的优良学风。

※ 导入情景

炎炎夏日，西点店推出了经典的甜品抹茶慕斯，这是一款口感介于冰淇淋与果冻之间的奶冻式甜点，入口后在嘴里慢慢融化。抹茶的绿色，也给人一种和平、宁静、甜蜜、希望、生机勃勃的感觉，同时也蕴含着西点师在技艺上的追求。

※ 知识准备

一、慕斯的调制工艺

由于慕斯种类多、配料不同，调制方法各异，所以很难用一种方法概括。但一般规律是：先将明胶用水融化，根据用料，有蛋黄、蛋白的，将蛋黄、蛋白分别打发；有果碎的，将果肉打碎，并加入打发的蛋黄、蛋白；有巧克力的，将巧克力融化后与其他配料混合。最后，将打发的鲜奶油与调好的半制品拌匀入模。明胶的用量可以根据慕斯成形的效果掌握，但不宜过多，否则产品凝固性太强，食用时会有韧性，失去慕斯原有的品质和特性。

二、慕斯的成型

成型是决定慕斯形状、质量的关键步骤。慕斯的成型，不仅有利于下一步的服务，而且为制品的装饰奠定基础。慕斯的成型方法多种多样，可按实际制作需要，灵活掌握。可以直接装入容器中冷藏，也可以利用各式各样的模具，将慕斯倒入模具成型。成型后的慕斯需放入冰箱冷藏或冷冻定型，以保证制品的质量要求和特点。

三、慕斯的装饰

定型的慕斯为半成品，在食用前，还有最后一道装饰工序。一般情况下，不需要脱模的慕斯在定型后，可以直接装饰食用，不需要取出或更换用具。但对于定型后需要取出的制品，需取出切块后进行装饰。常用的装饰有奶油、巧克力插件、水果、果酱等。这些材料运用在慕斯表面，增加成品的美观度。对于一些特别品种，还需要撒可可粉装饰。

※ 任务实施

本任务是制作抹茶慕斯。

一、材料与器具准备

器具：硅胶刮刀、手动打蛋器、手持电动打蛋器、不锈钢盆、电子秤、电磁炉、网筛、烤箱、28mm × 28mm 方形烤盘、油纸、慕斯模具、冰箱。

材料：如表 7-4-1 所示。

表 7-4-1　材料

部分	材料	用量	部分	材料	用量
抹茶戚风蛋糕底	蛋黄	3 个	抹茶戚风蛋糕底	蛋白	3 个
	细砂糖	18 g		细砂糖	27 g
	牛奶 / 水	36 g	芝士糊	牛奶	125 g
	色拉油	36 g		明胶	12 g
	低筋面粉	44 g		奶油芝士	100 g
	玉米淀粉	12 g		淡奶油	175 g
	抹茶粉	10 g		细砂糖	70 g
	柠檬汁	2 ~ 3 滴		抹茶粉	适量

二、实操步骤

芝士蛋糕制作实操步骤如表 7-4-2 所示。

表 7-4-2　芝士蛋糕制作实操步骤

操作步骤		图示
称量	1. 按量称取所有材料	
抹茶戚风蛋糕底	2. 将蛋黄和糖拌匀	
	3. 加入色拉油，拌匀	

续表

<table>
<tr><th colspan="2">操作步骤</th><th>图示</th></tr>
<tr><td rowspan="7">抹茶戚风
蛋糕底</td><td>4. 加入牛奶 / 水，拌匀</td><td></td></tr>
<tr><td>5. 加入低筋面粉、玉米淀粉、抹茶粉，用 Z 字拌匀法拌匀</td><td>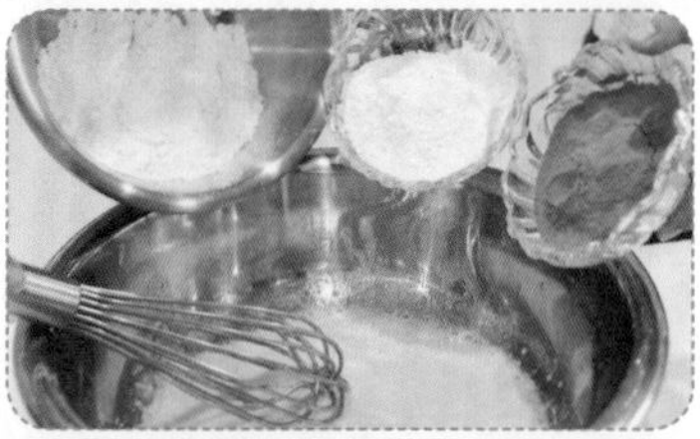</td></tr>
<tr><td>6. 加入柠檬汁，将细砂糖分 3 次加入蛋白中，打至中性发泡</td><td></td></tr>
<tr><td>7. 将打发好的蛋白与蛋黄糊翻拌均匀</td><td></td></tr>
<tr><td>8. 烤盘铺油纸，将面糊倒入烤盘中</td><td>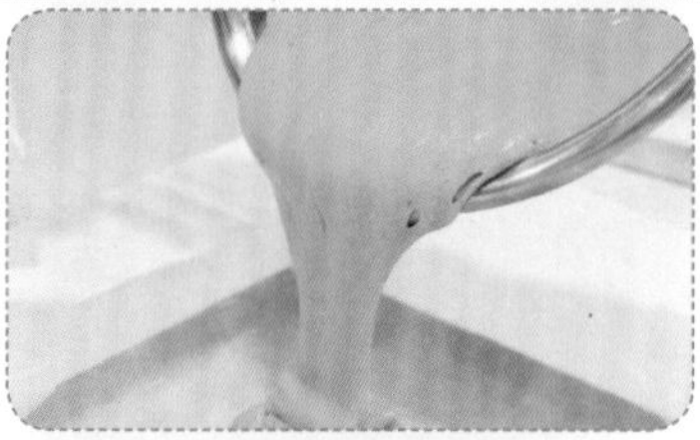</td></tr>
<tr><td>9. 轻震后放入烤箱烘烤，温度：180 ℃ / 170 ℃，烘烤 20 min</td><td></td></tr>
<tr><td>10. 将烤好的蛋糕取出，轻震、倒扣，放凉后脱模，用慕斯模具印刻出需要的形状</td><td></td></tr>
</table>

续表

操作步骤		图示
抹茶戚风蛋糕底	11. 将明胶用冰水泡软，沥干水分	
	12. 牛奶小火烧开，加入明胶，融化拌匀	
	13. 加入软化的奶油芝士，拌匀	
	14. 加入细砂糖，搅拌至无颗粒	
	15. 淡奶油打至六分发，加入拌匀	
	16. 准备5个碗（编号a、b、c、d、e），其中a碗直接倒入芝士糊，b、c、d、e碗依次放不同量的抹茶粉，加一点水拌匀，再加入面糊拌匀	

续表

操作步骤		图示
组装	17. 慕斯模具底部封保鲜膜，放入刻模后的蛋糕坯	
	18. 倒入 a 碗里的慕斯糊，平铺在蛋糕坯上	
	19. 依次往模具中心倒入 b、c、d、e 碗里的糊	
脱模	20. 放入冰箱冷藏 4 h，用喷火枪辅助脱模切块	

三、操作要点

（一）抹茶戚风蛋糕底注意事项

蛋糕底的制作中，粉料部分一定用 Z 字拌匀法，注意不要起面筋，蛋白打发至中性发泡。

（二）芝士糊注意事项

加入抹茶粉时，抹茶粉和芝士糊的比例如表 7-4-3 所示 .

表 7-4-3　抹茶粉和芝士糊的比例

碗编号	抹茶粉	芝士糊	碗编号	抹茶粉	芝士糊
a	0	120 g	d	3/4 小勺	80 g
b	1/4 小勺	100 g	e	1 小勺	60 g
c	1/2 小勺	100 g			

※ 检测评价

表 7-4-4　抹茶慕斯制作考核评价表

考核内容	考核要点	完成情况				评定等级		
		优	良	差	改进方法	优	良	差
仪容仪表	①头发干净、整齐，发型美观大方，女士盘发，男士不留胡须及长鬓角							
	②手及指甲干净，指甲修剪整齐、不涂指甲油							
	③着装符合岗位要求，整齐干净，不得佩戴过于醒目的饰物							
器具准备	①器具准备完善、干净							
	②操作台摆放有序，物品方便拿取							
称取材料	正确称取材料							
制作过程	①抹茶蛋糕底中，粉料部分用Z字拌匀法拌匀，不起面筋							
	②蛋白打发至中性发泡							
	③蛋糕坯烤制成熟，不能没烘烤好，也不能烘烤过度							
	④芝士糊制作中，奶油打发至六分发							
	⑤加抹茶粉的芝士糊从中心倒入模具中，按5个层次分布均匀							
质量标准	①外观：形态规整，层次均匀							
	②色泽：色泽分布均匀							
	③组织：组织细密							
	④口感：顺滑，绵软湿润							
西点服务	①西点配备物品齐全							
	②合理使用服务用语，语气亲切、恰当							
工作区域清洁	①器具清洁干净、摆放整齐							
	②恢复操作台台面，干净、无水迹							

※ 巩固练习

1. 抹茶戚风蛋糕底与普通戚风蛋糕有什么不同？
2. 制作抹茶慕斯的芝士糊时，抹茶粉加入的比例是怎样的？
3. 制作抹茶慕斯时，有哪些需要特别注意的事项？

※ 拓展知识

制作酸奶慕斯

材料如表 7-4-5 所示。

表 7-4-5 材料

部分	材料	用量
慕斯糊	酸奶	300 mL
	淡奶油	150 g
	细砂糖	40 g
	柠檬汁	2 g
	明胶	10 g
淋面	雪碧 / 水	200 mL
	细砂糖	15 g
	明胶	8 g

操作步骤如下：

①将明胶泡软备用。

②将酸奶和细砂糖拌匀。

③加入柠檬汁，拌匀。

④加入隔水融化后的明胶，拌匀。

⑤淡奶油打至 6 分发，加入拌匀。

⑥模具底层封保鲜膜，倒入慕斯糊，放入冰箱冷藏 4 h。

⑦将雪碧 / 水加热，倒入糖拌匀，再倒入泡软后的明胶拌匀。

⑧取出冷藏好的慕斯糊，淋面，再放入冰箱冷藏 1 h 后脱模切块。

面包类制作

任务一　制作牛奶餐包

※ 任务目标

1. 掌握和面技术；
2. 掌握醒发技术；
3. 能控制好牛奶餐包的烘烤技术；
4. 提升学生的团队协作能力，提高团队合作精神。

※ 导入情景

西点店制作的牛奶餐包是小兰爷爷的最爱，小兰经常下午都会到店里来为爷爷购买新鲜出炉的牛奶餐包。等候时，小兰喜欢看西点师们专注地制作面包。

※ 知识准备

一、面包的概念

面包是一种经过发酵和烘烤制成的食品，以小麦粉为主要原料，以酵母、鸡蛋、油脂、糖、盐等为辅料，加水调制成面团，经过分割、成形、醒发、焙烤、冷却等过程加工而成的焙烤食品。

二、面包的特点

面包具有一定的营养价值、易于消化吸收、便于储存、食用方便等特点。

三、面团状态

（一）拓展状态

面团已经拓展到一定程度，面团表面较为光滑，可以拉出膜，但比较容易出现破洞，而且破洞边缘呈不规则锯齿状，可以判断为拓展状态。

（二）完全拓展状态

面团表面非常光滑，可以拉出很薄很薄的膜，甚至将整个手掌覆盖也没有问题，也可以形象地称为“手套膜”。此时的面团不容易出现破洞，即使用手指捅破，洞的边缘也非常光滑圆润，可以判断为完全拓展状态。

※ 任务实施

本任务是制作牛奶餐包。

一、材料与器具准备

器具：硅胶刮刀、和面机、硬刮片、不锈钢盆、电子秤、网筛、不粘烤盘、烤箱、油纸。

材料：如表 8-1-1 所示。

表 8-1-1　材料

材料	用量	材料	用量
高筋面粉	1 000 g	冰水	大约 500 mL
细砂糖	200 g	盐	12 g
奶粉	40 g	黄油	200 g
鸡蛋	100 g	蛋液	适量
酵母	夏季 10 g，冬季 20 g	白芝麻	适量

二、实操步骤

牛奶餐包制作实操步骤如表 8-1-2 所示。

表 8-1-2　牛奶餐包制作实操步骤

操作步骤		图示
称量	1. 按量称取所有材料	
和面	2. 将高筋面粉、细砂糖、奶粉、鸡蛋、酵母放入和面机中，慢速拌匀	
	3. 缓慢加入适量的水，搅拌至抱团	

续表

操作步骤		图示
和面	4. 抱团后改高速搅拌至拓展状态	
	5. 加入盐和室温软化后的黄油，搅拌至完全拓展状态	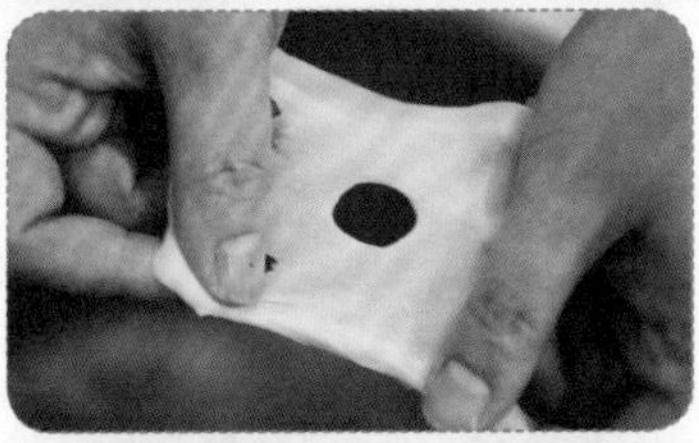
	6. 取出，将面团表面揉光滑，盖保鲜膜松弛 20 min	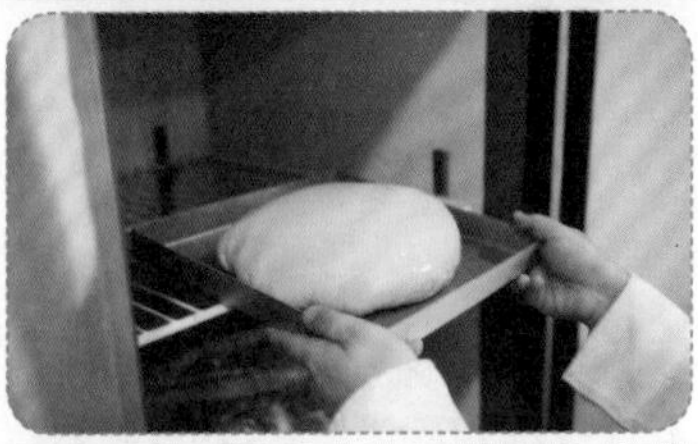
整形	7. 将松弛好的面团排气，分成 30 g/个的小面团	
	8. 取出一个面团，按压排气，搓圆，放入不粘烤盘	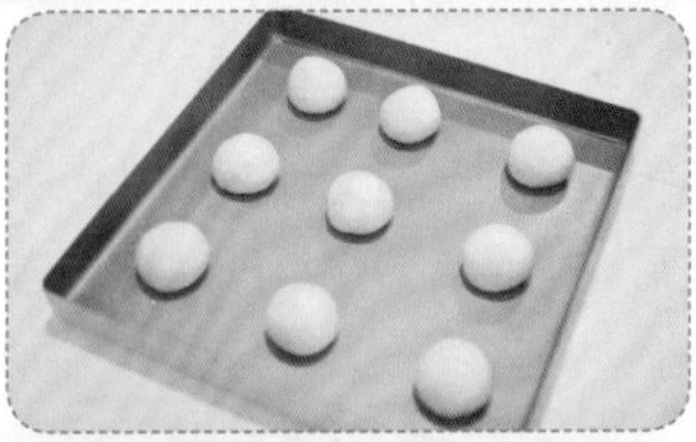
发酵	9. 放入醒发箱发酵至两倍大	
装饰	10. 取出，表面刷过筛后的蛋液，撒芝麻	

续表

操作步骤		图示
烘烤	11. 放入烤箱烘烤，温度：200 ℃ / 170 ℃，烘烤 15 ~ 20 min 至表面金黄	

三、操作要点

（一）和面

材料放入和面机时，酵母不可与糖和盐混放。在和面的过程中，不停搅拌会让面团升温，所以要使用冰水来抑制酵母过快发酵。根据不同面粉品牌的吸水性决定加入的水量，吸水性强的面粉，注入的水就会多一些，反之则少一些。

（二）整形

面团分割要大小一致；面团揉圆要使面团紧密，内部多余的空气揉出。

（三）发酵

醒发箱要提前开机，湿度调至85%，温度调至35 ℃。不可过度发酵面团，过度会致面团发酸。面团发酵程度，除了用视觉判断发酵到两倍大，还可以用手沾水，从侧面轻摸面团，有棉花般触感，可以判断为已发酵好。

（四）烘烤

烤箱提前预热至此款面包烘烤所需温度，根据烘烤情况，随时观察面团的状态。若上色太早，则需在上色后盖锡箔纸继续烘烤。

※ 检测评价

表 8-1-3　牛奶餐包制作考核评价表

考核内容	考核要点	完成情况				评定等级		
		优	良	差	改进方法	优	良	差
仪容仪表	①头发干净、整齐，发型美观大方，女士盘发，男士不留胡须及长鬓角							
	②手及指甲干净，指甲修剪整齐、不涂指甲油							
	③着装符合岗位要求，整齐干净，不得佩戴过于醒目的饰物							

续表

考核内容	考核要点	完成情况				评定等级		
		优	良	差	改进方法	优	良	差
器具准备	①器具准备完善、干净							
	②操作台摆放有序，物品方便拿取							
称取材料	正确称取材料							
制作过程	①材料放入顺序正确无误，酵母和糖分别放在不同位置							
	②抱团后打发至拓展状态							
	③加入黄油和盐后打发至完全拓展状态							
	④和好的面团盖保鲜膜松弛 20 min							
	⑤松弛好的面团排气，切割成 30 g/ 个的小面团，搓圆							
	⑥醒发箱提前开启到湿度 85%、温度 35 ℃，面团发酵至两倍大，无酸味							
	⑦烤箱提前预热至烘烤所需温度							
质量标准	①外观：大小一致，形态饱满							
	②色泽：表面呈金黄色							
	③组织：内部柔软，气泡细致							
	④口感：蓬松轻软，温润有弹性							
西点服务	①西点配备物品齐全							
	②合理使用服务用语，语气亲切、恰当							
工作区域清洁	①器具清洁干净、摆放整齐							
	②恢复操作台台面，干净、无水迹							

※ 巩固练习

1. 面包可以分为哪几个类别？
2. 简述牛奶餐包制作的和面顺序。
3. 检验一款牛奶餐包的质量标准是什么？

※ 拓展知识

制作菠萝包

材料如表 8-1-4 所示。

表 8-1-4　材料

部分	材料	用量
甜面团	高筋面粉	1 000 g
	细砂糖	200 g
	奶粉	40 g
	鸡蛋	100 g
	酵母	夏季 10 g，冬季 20 g
	冰水	大约 500 mL
	盐	2 g
甜面团	黄油	200 g
菠萝皮（酥皮）	黄油	100 g
	低筋面粉	200 g
	奶粉	20 g
	鸡蛋	60 g
	糖粉	110 g

1. 甜面团操作步骤如下：

①除黄油、盐、冰水以外，所有材料放入和面机中慢速拌匀。

②缓慢加入适量的冰水打发至抱团。

③抱团后改高速，打发至拓展状态。

④加入盐和黄油打发至完全拓展状态。

⑤取出，盖保鲜膜松弛 20 min。

2. 菠萝皮（酥皮）操作步骤如下：

①将黄油和糖粉用搅拌机打发均匀。

②少量多次加入鸡蛋拌匀。

③加入奶粉、低筋面粉拌匀。

④分成 20 g/ 个的小剂子。

3. 菠萝包操作步骤如下：

①甜面团排气，分成 50 g/ 个的剂子，排气，搓圆。

②将菠萝皮压扁，盖在分好的甜面团上，用手调整，用菠萝皮团住整个面团。

③用模具印出菠萝包的纹路（没有模具就用刀划）。

④放入醒发箱发酵至两倍大。

⑤取出，表面刷过筛后的蛋液。

⑥放入烤箱烘烤，温度：200 ℃ /200 ℃，烘烤 12 ~ 15 min 至表面金黄。

任务二　制作超软牛奶吐司

※ 任务目标

1. 掌握面团拓展状态和完全拓展状态的区别；
2. 掌握制作吐司的整形技术；
3. 培养学生自学和独立思考的能力。

※ 导入情景

在一个小镇，小英和小敏都喜欢面包店的牛奶吐司，因此成为了好朋友，可是后来小英要随家人一起搬去大城市生活。搬家后，周围的一切都变了，唯一不变的就是小英仍然喜欢牛奶吐司。每次看见牛奶吐司都会想起自己的好朋友小敏。

※ 知识准备

面包的分类如下：

1. 按面包的软硬程度划分，可分为软质面包、硬质面包和油脂类面包。

2. 按面团的含水量划分，可分为含水量在50%左右的面包、含水量在60% ~ 65%的面包和含水量达到70%或者更多的面包。

3. 按面团发酵方法不同划分，可分为直接发酵的面包、间接发酵的面包、汤种法的面包。

4. 按酵母种类划分，可分为人工酵母面包、天然酵母面包和人工、天然酵母混合面包。

5. 按发源地区划分，可分为欧式面包、意式面包、美式面包、日式面包等。

6. 按风味划分，可分为主食面包、花色面包、条例面包、酥油面包。

※ 任务实施

本任务是制作超软牛奶吐司。

一、材料与器具准备

器具：硅胶刮刀、和面机、硬刮片、不锈钢盆、擀面杖、电子秤、网筛、不粘烤盘、450 g吐司模具、烤箱。

材料：如表8-2-1所示。

表8-2-1　材料

材料	用量	材料	用量
王后柔风吐司粉	1060 g	冰牛奶	大约450 mL
细砂糖	120 ~ 240 g	盐	12 g
奶粉	120 g	黄油	100 g

续表

材料	用量	材料	用量
酵母	夏季 10 g，冬季 20 g	炼乳	140 g
鸡蛋	4 个		

二、实操步骤

超软牛奶吐司制作实操步骤如表 8-2-2 所示。

表 8-2-2　超软牛奶吐司制作实操步骤

操作步骤		图示
称量	1. 按量称取所有材料	
和面	2. 将王后柔风吐司粉、细砂糖、奶粉、炼乳、鸡蛋、酵母放入和面机中，慢速拌匀	
	3. 缓慢加入适量的冰牛奶，搅拌至抱团	
	4. 抱团后改高速，搅拌至拓展状态	
	5. 加入盐和室温软化后的黄油，搅拌至完全拓展状态	

续表

操作步骤		图示
和面	6. 取出，把面团表面揉光滑，盖保鲜膜松弛 20 min	
整形	7. 将松弛好的面团排气，分成 225 g/ 个的小面团	
	8. 取出一个面团，按压排气，擀成长舌状	
	9. 从上至下卷起，盖保鲜膜松弛 20 min，再次擀成长舌状，卷起，收口朝下	
整形	10. 将两个面团卷放入 450 g 吐司模具，压平底部	
发酵	11. 将模具放入烤盘中，放入醒发箱发酵至八分满	
烘烤	12. 取出，盖模具盖，放入烤箱烘烤，温度：200 ℃ /190 ℃，烘烤 40 min 至表面金黄	 

三、操作要点

不同季节、不同品牌面粉的吸水量不同，可适当调节水的用量。

不同季节、不同烤箱的性能有差异，可适当增减烤箱的温度。

※ 检测评价

表 8-2-3　超软牛奶吐司制作考核评价表

考核内容	考核要点	完成情况				评定等级		
		优	良	差	改进方法	优	良	差
仪容仪表	①头发干净、整齐，发型美观大方，女士盘发，男士不留胡须及长鬓角							
	②手及指甲干净，指甲修剪整齐、不涂指甲油							
	③着装符合岗位要求，整齐干净，不得佩戴过于醒目的饰物							
器具准备	①器具准备完善且干净							
	②操作台摆放有序，物品方便拿取							
称取材料	正确称取材料							
制作过程	①材料放入顺序正确无误，酵母和糖分别放在不同位置							
	②抱团后打发至拓展状态							
	③加入黄油和盐后打发至完全拓展状态							
	④和好的面团盖保鲜膜松弛 20 min							
	⑤松弛好的面团排气，切割成 225 g/ 个的小面团，擀成长舌状，从上至下卷起，反复两次							
	⑥醒发箱提前开启到湿度 85%、温度 35 ℃，面团发酵至模具八分满，无酸味							
	⑦烤箱提前预热至烘烤所需温度							
质量标准	①外观：大小一致，形态饱满							
	②色泽：表面呈金黄色，烤色均匀							
	③组织：内部柔软，气泡细致，纹理整齐							
	④口感：蓬松轻软，温润有弹性							
西点服务	①西点配备物品齐全							
	②合理使用服务用语，语气亲切、恰当							
工作区域清洁	①器具清洁干净、摆放整齐							
	②恢复操作台台面，干净、无水迹							

※ 巩固练习

1. 怎样判断面团的拓展状态和完全拓展状态?
2. 面包的特点是什么?
3. 制作超软牛奶吐司和制作牛奶餐包的步骤有什么不一样?

※ 拓展知识

制作吐司常见的质量问题及原因

1. 问题：吐司烤好后表面略厚，口感较硬。
   原因：
   - 烘烤的时间太长。
   - 含糖量过高。
2. 问题：吐司烤好后颜色很白。
   原因：
   - 发酵时间过长，酵母就会吃光面团内部的糖粉。
   - 烘烤温度太低。
   - 烘烤时间不够。
3. 问题：出模后吐司侧面凹陷。
   原因：
   - 烘烤时间和温度不足。
   - 烘烤时模具间距太近。
4. 问题：吐司烤好后粘在盖子上。
   原因：
   - 烘烤时间过久。
   - 发酵过度。
5. 问题：吐司芯产生大孔洞。
   原因：
   - 发酵不足。
   - 发酵过头。
   - 排气效果不好。
6. 问题：吐司烤色不均匀，无光泽。
   原因：
   - 烤箱温度太低。
   - 面团发酵过度。
7. 问题：吐司顶部塌陷。
   原因：
   - 配方含水量太大，无法烘烤成熟。
   - 搅拌面团时间过久导致面筋打发断裂。
   - 烤制时间不够，没有完全烘烤成熟。

任务三　制作蔓越莓乳酪面包

※ 任务目标

1. 掌握乳酪馅的制作方法；
2. 掌握制作蔓越莓乳酪面包的整形技术；
3. 培养学生逐步养成做事严谨、细致的工作态度。

※ 导入情景

今天，西点店里来了一位美丽的孕妇，想要买些面包。店里的西点师为她推荐了新鲜出炉的蔓越莓乳酪面包，面包颜色粉红，口感蓬松轻软，里面含有蔓越莓，吃起酸甜可口，孕妇欣然接受。第二天，这位孕妇又来了，指明要购买这款蔓越莓乳酪面包，同时感谢西点师的细心推荐，她很喜欢。

※ 知识准备

一、影响面团调制的因素

影响面团调制的因素有加水量、温度、和面机的速度、面粉。

二、面团发酵的基本原理及影响因素

（一）面团发酵的基本原理

酵母菌发酵面团中的糖，产生大量的二氧化碳气体，产生的气体束缚在面团内，促使面团体积膨胀，使面团产生海绵状的多孔疏松结构。在发酵过程中，还会产生乙醇、有机酸等其他副产物，最终形成面包特殊的发酵香气，同时在发酵过程中的水解作用使大分子营养物变小，更有利于人体消化吸收。

（二）影响面包发酵的因素

影响面包发酵的因素有面团温度、酵母质量和数量、面团的 pH 值、渗透压、面粉、调粉、加水量、乳品和蛋白。

※ 任务实施

本任务是制作超软牛奶吐司。

一、材料与器具准备

器具：硅胶刮刀、和面机、硬刮片、不锈钢盆、擀面杖、电子秤、网筛、不粘烤盘、烤箱。

材料：如表 8-3-1 所示。

表 8-3-1　材料

部分	材料	用量	部分	材料	用量
面团	高筋面粉	1060 g	面团	黄油	120 g
	细砂糖	80 g		炼乳	160 g
	奶粉	80 g	乳酪馅	奶油芝士	250 g
	鸡蛋	2个		黄油	10 g
	酵母	夏季 10 g，冬季 20 g		蔓越莓碎	80 g
	冰火龙果汁	大约 450 g		糖粉	20 g
	盐	12 g			

二、实操步骤

蔓越莓乳酪面包制作实操步骤如表 8-3-2 所示。

表 8-3-2　蔓越莓乳酪面包制作实操步骤

操作步骤		图示
称量	1. 按量称取所有材料	
和面	2. 将高筋面粉、细砂糖、奶粉、炼乳、鸡蛋、酵母放入和面机中，慢速拌匀	
	3. 缓慢加入适量的火龙果汁，搅拌至抱团	
	4. 抱团后改高速，搅拌至拓展状态	

续表

操作步骤		图示
和面	5. 加入盐和室温软化后的黄油，搅拌至完全拓展状态	
	6. 取出，将面团表面揉光滑，盖保鲜膜松弛 20 min	
乳酪馅	7. 解冻奶油芝士，与糖粉拌匀	
	8. 加入软化后的黄油拌匀	
	9. 加入蔓越莓碎拌匀	
整形	10. 将松弛好的面团排气，分成 150 g/ 个的小面团	
	11. 取出一个面团，按压排气，擀成长舌状	

续表

操作步骤		图示
整形	12. 调转方向，使其横向摆放，挤入乳酪馅从上往下卷起	
	13. 搓成长条状，卷成 S 形	
发酵	14. 放入烤盘中，放入醒发箱发酵至两倍大	
烘烤	15. 取出，表面撒高筋面粉装饰，放入烤箱烘烤，温度：190 ℃ /190 ℃，烘烤 5 min 后盖锡箔纸继续烘烤 15 ~ 20 min	

三、操作要点

火龙果汁用新鲜火龙果榨汁过滤而成，若在夏季制作，火龙果要放进冰箱冷藏一晚再进行榨汁。

乳酪馅里还可以根据自己的口味加入适量果仁和红豆。在解冻奶油芝士时，采用隔水解冻法，用温水隔水烫两秒，拌一下，烫两秒，又拌一下，不能让它熔化成液体。

面包的整形除采用 S 形以外，还可以采用三角形包法，将面团分成 120 g+40 g 的面团，其中 40 g 面包包乳酪馅，120 g 面包擀成三角形，包住 40 g 的面团，包成三角形，放入醒发箱发酵。

※ 检测评价

表 8-3-3 蔓越莓乳酪面包制作考核评价表

考核内容	考核要点	完成情况				评定等级		
		优	良	差	改进方法	优	良	差
仪容仪表	①头发干净、整齐，发型美观大方，女士盘发，男士不留胡须及长鬓角							
	②手及指甲干净，指甲修剪整齐、不涂指甲油							
	③着装符合岗位要求，整齐干净，不得佩戴过于醒目的饰物							
器具准备	①器具准备完善且干净							
	②操作台摆放有序，物品方便拿取							
称取材料	正确称取材料							
制作过程	①材料放入顺序正确无误，酵母和糖分别放在不同位置							
	②抱团后打发至拓展状态							
	③加入黄油和盐后打发至完全拓展状态							
	④和好的面团盖保鲜膜松弛 20 min							
	⑤松弛好的面团排气，切割成 150 g/ 个的小面团，取出一个面团，按压排气，擀成长舌状，调转方向，使其横向摆放，挤入乳酪馅从上往下卷起，搓长，整形成 S 形							
	⑥醒发箱提前开启到湿度 85%、温度 35 ℃，面团发酵至两倍大，无酸味							
	⑦烤箱提前预热至烘烤所需温度，烘烤 5 min 后盖锡箔纸继续烘烤							
质量标准	①外观：大小一致，形态饱满							
	②色泽：表面呈紫粉色，烤色均匀							
	③组织：内部柔软，气泡细致							
	④口感：蓬松轻软，温润有弹性，酸甜可口							
西点服务	①西点配备物品齐全							
	②合理使用服务用语，语气亲切、恰当							
工作区域清洁	①器具清洁干净、摆放整齐							
	②恢复操作台台面，干净、无水迹							

※ 巩固练习

1. 影响面团调制的因素有哪些?
2. 简述面团发酵的基本原理。
3. 影响面团发酵的因素有哪些?

※ 拓展知识

制作草莓魔法棒

材料如表 8-3-4 所示。

表 8-3-4　材料

部分	材料	用量	部分	材料	用量
面团	高筋面粉	1 000 g	面团	盐	10 g
	冰牛奶 / 水	大约 500 mL		红丝绒精华液 / 红曲粉	适量
	奶粉	30 g	酥粒	草莓粉	15 g
	细砂糖	200 g		低筋面粉	30 g
	鸡蛋	250 g		黄油	10 g
	酵母	15 g		糖粉	18 g
	黄油	160 g			

1. 面团操作步骤如下:

①将除冰牛奶 / 水、黄油、盐以外的所有原材料搅拌均匀，缓慢加入冰牛奶 / 水打发至抱团，改高速打发至扩展状态。

②加入黄油和盐，打发至完全扩展状态。

③取出，盖保鲜膜醒发 20 ~ 30 min。

2. 酥粒操作步骤如下:

将所有材料混合均匀，用手掌搓成酥粒，注意不用熔化黄油，直接常温软化。如果搓太湿粘手，就加高筋面粉；如果结成粒，就加一点黄油。

3. 草莓魔法棒操作步骤如下:

①将醒发好的面团分成 120 ~ 150 g/ 个的小面团，擀成长舌状，搓成橄榄形（搓长一点）。

②表面刷水，撒红色酥粒，发酵 30 ~ 40 min。

③取出，放入烤箱烘烤，温度：200 ℃ /190 ℃，烘烤 15 ~ 20 min，烤好后从中间划开，挤奶油，放草莓装饰，挤巧克力，撒糖粉（也可以烤好后在表面裹红色饼干碎，因为饼干碎在烤前放容易烤糊，中间夹奶油、草莓、巧克力，撒糖粉装饰）。

任务四　制作全麦杂粮面包

※ 任务目标

1. 了解全麦杂粮面包的风味特点，熟悉原料性质；
2. 掌握制作全麦杂粮面包的工艺流程，并且能够独立操作；
3. 培养学生养成良好的职业习惯和勤学苦练的优良学风。

※ 导入情景

近年，越来越多人喜欢健身运动，在运动的同时人们也需要搭配健康的饮食。西点店推出了适合健身达人的全麦杂粮面包。该面包自然发酵而成，含有丰富的膳食纤维，口感粗糙，味道略酸，饱腹感强。

※ 知识准备

一、全麦面包

全麦面包是指用没有去掉外面麸皮和坯芽的全麦面粉制作的面包，有别于用精白面粉（即麦粒去掉麸皮坯芽）制作的一般面包。麸皮部分富含 B 族维生素、蛋白质和膳食纤维，但质地粗糙，口感不佳。只有含坯芽、坯乳和麸皮三部分的面粉才是真正的全麦粉，其色黑、质粗，肉眼可见麸皮，使用时要与一定比例的精白面粉混合，保质期较短。

全麦面包使用的全麦面粉只经过较少的加工程序，因此保留了大部分的营养元素。它含有丰富的粗纤维、维生素 E 和 B 族维生素，锌、钾等矿物质含量也很丰富，比普通面包更易发霉变质，购买后一定要妥善保存，最好即买即食。

二、杂粮面包

杂粮面包是使用燕麦粉、小麦粉、亚麻籽、赣花籽、核桃、榛子等原料制成的面包。

粗粮含有丰富的营养素，如燕麦富含蛋白质，小米富含色氨酸、胡萝卜素，豆类富含优质蛋白，高粱富含脂肪酸及铁，薯类含胡萝卜素和维生素 C。此外，粗粮还有减肥的功效，如玉米还含有大量镁，镁可加强肠壁蠕动，促进机体废物的排泄。

用粗杂粮代替部分细粮有助于糖尿病患者控制血糖。研究表明，人进食粗杂粮及杂豆类后的餐后血糖变化一般小于进食小麦和普通稻米后的餐后血糖变化，进食粗杂粮能减少人 24 h 内的血糖波动，降低空腹血糖，减少胰岛素分泌，有利于糖尿病病人的血糖控制。

※ 任务实施

本任务是制作全麦杂粮面包。

一、材料与器具准备

器具：硅胶刮刀、和面机、硬刮片、不锈钢盆、擀面杖、电子秤、网筛、不粘烤盘、烤箱。

材料：如表 8-4-1 所示。

表 8-4-1　材料

<table>
<tr><th>材料</th><th>用量</th><th>材料</th><th>用量</th></tr>
<tr><td>高筋面粉</td><td>500 g</td><td>细砂糖</td><td>60 g</td></tr>
<tr><td>全麦面粉</td><td>500 g</td><td>盐</td><td>6 g</td></tr>
<tr><td>杂粮 a</td><td>200 g</td><td>黄油</td><td>60 g</td></tr>
<tr><td>冰水</td><td>大约 550 mL</td><td rowspan="2">杂粮 b</td><td rowspan="2">适量</td></tr>
<tr><td>酵母</td><td>夏季 10 g，冬季 20 g</td></tr>
</table>

二、实操步骤

全麦杂粮面包制作实操步骤如表 8-4-2 所示。

表 8-4-2　全麦杂粮面包制作实操步骤

<table>
<tr><th colspan="2">操作步骤</th><th>图示</th></tr>
<tr><td>称量</td><td>1. 按量称取所有材料</td><td></td></tr>
<tr><td rowspan="2">和面</td><td>2. 将高筋面粉、全麦面粉、杂粮 a、细砂糖、酵母放入和面机中，慢速拌匀</td><td></td></tr>
<tr><td>3. 缓慢加入适量的冰水，搅拌至抱团</td><td></td></tr>
</table>

续表

操作步骤		图示
和面	4. 抱团后改高速，搅拌至拓展状态	
	5. 加入盐和室温软化后的黄油，搅拌至黄油被吸收	
	6. 取出，将面团表面揉光滑，盖保鲜膜松弛 20 min	
整形	7. 将松弛好的面团排气，分成 200 g/ 个的小面团	
	8. 取出一个面团，按压排气，擀成长舌状，卷成橄榄形	
	9. 放入烤盘中，放入醒发箱发酵至两倍大	

续表

操作步骤		图示
整形	10. 取出，撒高筋面粉，划花刀	
发酵	11. 放入烤盘中，放入醒发箱发酵至两倍大	
烘烤	12. 放入烤箱烘烤，温度：200 ℃ / 190 ℃，烘烤 25 min	

三、操作要点

传统的全麦面包是不加黄油的，但为了使口感更好，通常会加入一点黄油。

全麦面粉也可以用全麦预拌粉替代，全麦预拌粉是对小麦经过特殊后期加工并添加添加剂制成的。相较全麦面粉，用全麦预拌粉做出来的面包口感上更加松软可口，外表看起来更光滑、更好看，但同时一些营养元素有所流失。

加入杂粮后，在和面时，对水分的需求会比其他面包更多，加入冰水时，应时刻观察，控制好用量。

在整形时，要求整理成橄榄形。这个形状对技术要求更高，平时应多练习。

划花刀时，要迅速、利落，划刀力道要稍深。若太浅，烤出来的成品上会看不出划痕。

※ 检测评价

表 8-4-3　全麦杂粮面包制作考核评价表

考核内容	考核要点	完成情况				评定等级		
		优	良	差	改进方法	优	良	差
仪容仪表	①头发干净、整齐，发型美观大方，女士盘发，男士不留胡须及长鬓角							
	②手及指甲干净，指甲修剪整齐、不涂指甲油							
	③着装符合岗位要求，整齐干净，不得佩戴过于醒目的饰物							
器具准备	①器具准备完善且干净							
	②操作台摆放有序，物品方便拿取							
称取材料	正确称取材料							
制作过程	①材料放入顺序正确无误，酵母和糖分别放在不同位置							
	②抱团后打发至拓展状态							
	③加入黄油和盐后打至黄油被吸收							
	④和好的面团盖保鲜膜松弛 20 min							
	⑤松弛好的面团排气，切割成 200 g/ 个的小面团，取出一个面团，按压排气，擀成长舌状，整理成橄榄形							
	⑥醒发箱提前开启到湿度 85%、温度 35 ℃，面团发酵至两倍大，无酸味							
	⑦烤箱提前预热至烘烤所需温度							
质量标准	①外观：大小一致，形态饱满							
	②色泽：表面呈棕黄色，烤色均匀							
	③组织：内部气泡细致							
	④口感：有细碎颗粒感，口感柔韧，较粗糙							
西点服务	①西点配备物品齐全							
	②合理使用服务用语，语气亲切、恰当							
工作区域清洁	①器具清洁干净、摆放整齐							
	②恢复操作台台面，干净、无水迹							

※ 巩固练习

1. 全麦杂粮面包的概念和特点是什么？
2. 全麦杂粮面包的用料与普通面包有什么区别？
3. 全麦杂粮面包的质量标准是什么？

※ 拓展知识

制作布里奥斯

材料如表 8-4-4 所示。

表 8-4-4　材料

部分	材料	用量	部分	材料	用量
面团	高筋面粉	1000 g	面团	冰水	大约 450 mL
	细砂糖	200 g		酵母	夏季 10 g，冬季 20 g
	奶粉	40 g		核桃碎	300 g
	盐	2 g	蛋白核桃酥皮	蛋白	100 g
	鸡蛋	100 g		核桃碎	140 g
	黄油	200 g		细砂糖	160 g

1. 面团操作步骤如下：

①除了黄油、盐、水，其余材料放入和面机中，慢速拌匀。

②拌匀后缓慢加入适量的水，打发至抱团。

③抱团后改高速打发，打发至扩展状态。

④加入盐和黄油，打发至完全扩展状态。

⑤加入核桃碎搅拌均匀。

⑥拿出，盖保鲜膜松弛 20 min。

2. 蛋白核桃酥皮操作步骤如下：

①蛋白和糖手动搅拌均匀。

②加入核桃碎拌匀。

3. 布里奥斯操作步骤如下：

①取一个 150 ~ 180 g 核桃面团，排气，擀成长舌状，卷成橄榄形，搓长一点，不要太长，两边稍搓尖，放入醒发箱醒发 40 min 左右。

②取出醒发好的面团，表面淋蛋白核桃酥皮，放入烤箱烘烤。

③取出烤好后的面包，冷却后，从侧面剖开，夹意式奶油霜，表面撒防潮糖粉装饰。

CANKAO WENXIAN

参考文献

[1] 张洁 . 咖啡技艺 [M]. 北京：北京交通大学出版社，2015.

[2] 秦德兵，文晓利 . 咖啡实用技艺 [M].2 版 . 北京：科学出版社，2017.

[3] 李伟慰，周秒贤 . 咖啡制作与服务 [M]. 广州：暨南大学出版社，2015.

[4] 张贵凤，李文武，于宏刚 . 西点工艺实训教程 [M]. 北京：中国轻工业出版社，2021.

[5] 赵强，何忠宝，于海洋 . 烘焙工艺理论与实训教程 [M].3 版 . 北京：北京交通大学出版社，2020.

[6] 陈洪华，李祥睿 . 西点制作教程 [M].2 版 . 北京：中国轻工业出版社，2020.

[7] 周航 . 西点制作基础 [M]. 北京：中国轻工业出版社，2020.